精通电工技能的 9 堂课

君兰工作室　编
黄海平　审校

科学出版社
北京

内 容 简 介

本书共9堂课,内容包括电工常用仪表,电工常用工具的使用与养护,电工基本操作技能,照明和室内线路,电工常用元器件,电动机安装、使用和维护,变压器检测和检修,电工经验与技巧,电工安全等。

本书内容丰富,形式新颖,配有大量的插图帮助讲解,实用性强,易学易用,具有较高的参考阅读价值。

本书适合广大初级、中级电工人员,电子技术人员,电气维修人员,电气安装人员,电工爱好者,电子爱好者阅读,也可供工科院校相关专业师生阅读,还可供岗前培训人员参考阅读。

图书在版编目(CIP)数据

精通电工技能的9堂课/君兰工作室编;黄海平审校.—北京:科学出版社,2012

ISBN 978-7-03-034144-0

Ⅰ.精… Ⅱ.①君…②黄… Ⅲ.电工技术-基本知识 Ⅳ.TM

中国版本图书馆 CIP 数据核字(2012)第 080716 号

责任编辑:孙力维 杨 凯 / 责任制作:董立颖 魏 谨
责任印制:赵德静 / 封面设计:王秋实

北京东方科龙图文有限公司 制作
http://www.okbook.com.cn

科 学 出 版 社 出版
北京东黄城根北街 16 号
邮政编码:100717
http://www.sciencep.com

北京通州皇家印刷厂 印刷
科学出版社发行 各地新华书店经销

*

2012 年 7 月第 一 版　　　开本:787×960 1/16
2012 年 7 月第一次印刷　　　印张:17 1/4
印数:1—5 000　　　　　　　字数:330 000

定 价:32.00 元
(如有印装质量问题,我社负责调换)

前 言

　　为了帮助广大电工技术的初学人员较快地理解电工基础知识,掌握电工实用操作技能,我们根据初学人员的特点和要求,结合多年的实际工作经验,编写了这本《精通电工技能的9堂课》。希望读者通过阅读本书能对电工技术更有兴趣,活学活用其中的知识,增强自己的实际工作技能。

　　本书重点编写实用技术和操作方法,避免让读者陷入不必要的理论之中。本书还避免一切陈旧的内容,采用了新标准、新技术。

　　书中在许多章节配有大量现场实景照片,实现手把手教学电工技术的效果,让读者将理论与实际应用相结合,学到更多可以快速实际应用的技术与技能。

　　本书高度图解,数量极为丰富的插图,使得本书图文并茂、直观易懂,有较强的实用性和可操作性。

　　本书适合广大初级、中级电工人员,电子技术人员,电气维修人员,电气安装人员,电工爱好者及电子爱好者阅读,也可供工科院校相关专业师生阅读,还可供岗前培训人员参考阅读。

　　参加本书编写的人员有张景皓、张玉娟、张钧皓、鲁娜、张学洞、刘东菊、王兰君、王文婷、凌玉泉、刘守真、高惠瑾、祁远革、朱雷雷、凌黎、谭亚林、刘彦爱、贾贵超等,在此一并表示感谢。

　　由于编者水平有限,书中难免存在错误和不当之处,敬请广大读者批评指正。

目 录

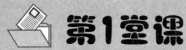

电工常用仪表

电工仪表是实现电磁测量过程中所需技术工具的总称。电工仪表按测量对象不同，分为电流表、电压表、功率表、电度表、欧姆表等；按仪表工作原理的不同分为磁电系、电磁系、电动系、感应系等；按被测电量种类的不同分为交流表、直流表、交直流两用表等；按使用性质和装置方法的不同分为固定式（开关板式）、携带式和智能式。

掌握常用电工仪表的使用方法，包括万用表、测电笔、钳形电流表、绝缘电阻表等。了解常用电工仪表的工作原理及保养技巧等，能够用电工仪表进行实际测量。

学习目标

1.1 万用表

使用万用表可以方便地测量低压电气设备、电机零件等的直流电压、直流电流、交流电压、交流电流,还能测量电阻等。万用表有模拟式及数字式两种。

 模拟式万用表

近年来模拟式万用表虽然已经不大使用,但由于其具有构造简单、经久耐用、读数方便等优点,仍是许多人爱用的基本工具(图 1.1)。万用表的内部装有电池(图 1.2),因此可以用它测量电阻。要注意电池的消耗情况,长期不使用应取出电池。

图 1.1 模拟式万用表

图 1.2 装在万用表内的电池

 数字式万用表

数字式万用表(图 1.3)在显示屏上直接显示测量的数值,测量倍率(量程)多可自动切换。数字式万用表具有精度高、价格低、应用广泛等优点。

知识点3 万用表的使用方法

测电阻的注意事项:测试时手不可触及表笔的金属部分,双手接触时就是测人体电阻与待测电阻的并联值,如图 1.4 所示;测试时电阻要与电路断离;测电阻时内部的电池是电源,要注意电池的消耗(不能调节欧姆零时应更换电池)。

图1.3 数字式万用表

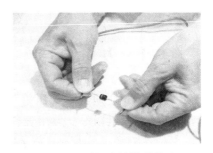

图1.4 测电阻的错误做法

用指针读数的注意事项:通过模拟式万用表的指针读数时一定要在指针的正上方读数,如图1.5所示。万用表的测电阻挡可以检查电路是否导通;简单检查二极管;简单检查电容。

如果万用表的指针倾斜或从侧面读数(图1.6),会因视觉误差而得不到正确的测值。必须像图1.5那样将万用表平放,在指针的正上方读数。

图1.5 读电阻的测值

图1.6 错误的读数方式

 技能训练 用万用表测量电阻、电压降、直流电压、交流电压及零位调整

用万用表测电阻时将旋转开关转到电阻的量程,用欧姆调整器调整好欧姆零点再测量,如图1.7所示。

用万用表测量时应选择指针接近最大值附近的量程。

① 能大致知道待测电阻值时转到比该电阻高一挡的电阻量程,不知道电阻值时旋转开关应转到最大量程,如图1.8所示。

② 在选定的欧姆量程调整欧姆零点,然后测电阻值。

③ 电阻值低读数困难时,将旋转开关转到低欧姆挡,调整欧姆零点,然后测电阻值。

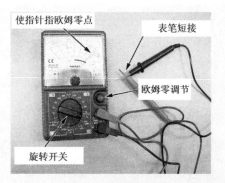

图 1.7　欧姆零调节　　　　　　　　　图 1.8　测电阻的量程

　　测试装在控制电路中电阻上的电压降时,红色表笔为＋,黑色表笔为－。在测试蓄电池的电压或测电流时也要注意极性,如图 1.9 所示。

　　测试电池或整流电路等直流电压的场合将旋转开关转到直流电压挡(DC-V)与被测电压大小适应的刻度。直流电压有极性,测试前要正确区分＋端与－端。测试方法如图 1.10 所示。

图 1.9　测试电阻上的电压降　　　　　　图 1.10　测试直流电压

　　不能预测电压的大小时用最大倍率的量程开始测试,再逐渐试用低倍率量程,尽量使指针最后停止在最大刻度附近为宜。交流电压测试方法如图 1.11 所示。

　　有的万用表虽然可测试高压电路,但也是指弱电的高压电路。即使万用表有测试高压的量程,也不可测试强电的高压电路。调整机械零位如图 1.12 所示。

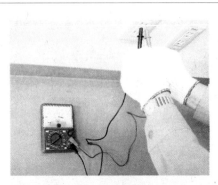 

图1.11   测试交流电压   图1.12   测试前调整表针的机械零位

1.2   测电笔

测电笔是为了操作者在进行电气设备作业时防止触电使用的工具。测电笔可确认电气设备是否带电,在进行涉电作业场合是不可缺少的工具。

知识点1   测电笔的种类

图1.13所示为音响发光式测电笔。图1.14所示为氖灯式测电笔。图1.15所示为音响发光高低压两用测电笔。

测电笔有4种显示方式:发光式(低压、高压);音响式(低压、高压);音响发光式(低压、高压);风车式(超高压)。按测试对象区分测电笔有交流用及交直流两用,按测试电压区分则有4种:低压用;高压用;高低压两用;超高压用。

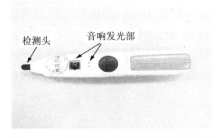

检测头   音响发光部

图1.13   音响发光式低压测电笔的外观

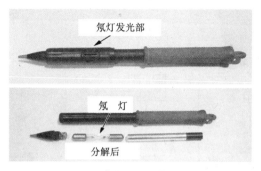

图 1.14 氖灯式测电笔的外观

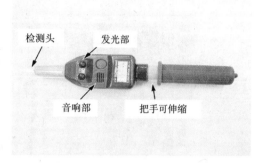

图 1.15 音响发光式高低压两用测电笔的外观

知识点2 测电笔的工作原理

从测电笔的工作原理看可分类为氖灯式与电子电路式。

氖灯式测电笔的构造简单,由氖灯与电阻组成,是很早以前就使用的测电笔,其工作原理如图 1.16 所示。

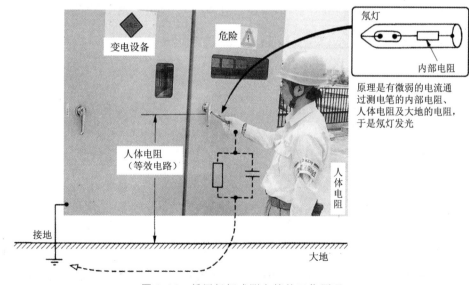

图 1.16 低压氖灯式测电笔的工作原理

电子电路式测电笔内部有电池,使发光二极管发光,同时蜂鸣器发出声音,目前几乎都使用电子电路式的测电笔,其工作原理如图 1.17 所示。

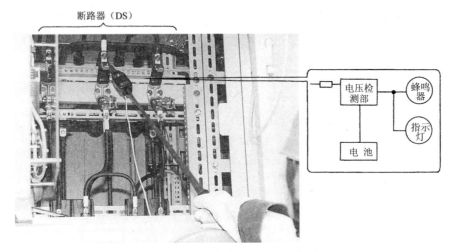

图 1.17　电子电路式测电笔的工作原理

知识点3　测电笔的使用方法

　　将测电笔的检测头尖端接触电路,即可检测电路是否有电压,图 1.18 所示为测电笔的正确用法。

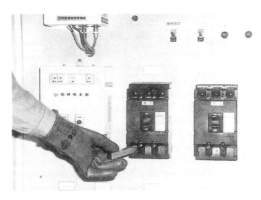

图 1.18　测电笔的正确用法

　　用高压测电笔检查是否带电时必须戴高压绝缘手套以免触电,如图 1.19 所示。与高压带电部分的接近距离在头上 30cm 以内、脚下 30cm 以内、身旁 60cm 以内时必须佩戴电工安全帽和高压绝缘手套。因此,当高低压两用伸缩式测电笔(图 1.20)在伸长状态使用时,不可从事高压接近作业,且必须使用保护用具。

图 1.19　戴高压橡胶手套后操作

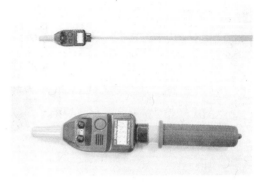

图 1.20　高低压两用伸缩式测电笔的外观

 知识点4 测电笔的日常管理

　　用测电笔检查电气设备前必须先确认测电笔能否正常工作。特别是电子电路式测电笔，没有电池就不能工作，使用前必须先检查确认。测电笔检查器如图 1.21 所示。

　　高/低压两用伸缩式测电笔的动作检查是将测电笔的检测头尖端接触测电笔检查器的"高压"部，以确定测电笔能否正常工作，如图 1.22 所示。

　　低压测电笔的动作检查是将测电器的检测头尖端接触测电笔检查器的"低压"部，以确定测电笔能否正常工作，如图 1.23 所示。

图 1.21　测电笔
检查器的正面外观

图 1.22　高/低压两用伸缩式测电笔的动作检查

图 1.23　低压测电笔的动作检查

 ## 1.3　钳形电流表

 知识点1 钳形电流表的种类

　　钳形电流表与万用表或普通电流表不同,不必串联在电路中,因此容易测试运行中的电流。而且从大电流到微小电流都能测试,也能测试负荷电流或漏电流,是重要的现场测试仪器。钳形电流表的外观如图 1.24 所示。钳形电流表有模拟式及数字式,目前多使用数字式(图 1.25)。

图 1.24　钳形电流表的外观

图 1.25　数字式钳形电流表

知识点2 钳形电流表的使用方法

钳形电流表的构造及接线示于图1.26,图1.27所示为电路原理,测试方法与等效电路示于图1.28。

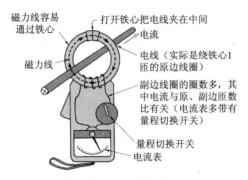

图 1.26 钳形电流表的构造及接线

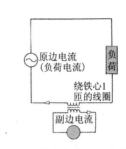

图 1.27 钳形电流表电路原理图

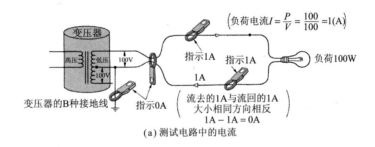

(a) 测试电路中的电流

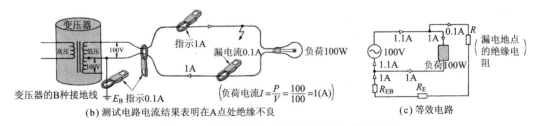

(b) 测试电路电流结果表明在A点处绝缘不良

(c) 等效电路

图 1.28 用钳形电流表的测试示例与等效电路

知识点3 测试负荷电流及漏电流

握住钳形电流表的开关把手使铁心打开后夹住要测试的电线,操作方法如图1.29所示。

测试负荷电流及漏电流的注意事项:钳口所在平面与电线垂直;在不易读数的地方可先

锁定指示值,再拿到身边看指示值,如图 1.30 所示;钳口要完全闭合;电线应尽量处于钳口中间;在被测电线附近尽量没有其他电线(特别是测试漏电流时会受到附近大电流电线产生磁场的影响)。

图 1.29　操作方法　　　　　　　　　　　　图 1.30　测试负荷电流

用钳口夹住电灯变压器的 B 种接地线,此电流就是电灯变压器的漏电流,如图 1.31 所示。测试动力变压器的漏电流也用同样方法。

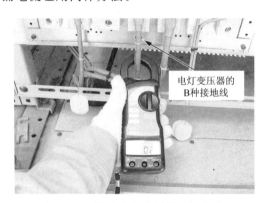

图 1.31　测试电灯变压器的漏电流

 知识点4　使用钳形电流表的注意事项

钳形电流表的钳口铁心部分是可开闭的构造(图 1.32)。如果铁心接触面生锈、污损或夹入尘土异物等将加大测试误差,要经常保持铁心接触面的清洁。

勉强测量比钳口铁心内径粗的电线将增大误差,应选用适合电线尺寸的钳形电流表,如图 1.33 所示。

图 1.32   钳形电流表钳口铁心的咬合部

图 1.33   勉强测量粗电线

　　一般在市场上销售的钳形电流表多用于低压电路,不可测量高压电路。测高压电路必须使用高压用钳形电流表(图 1.34)。

　　电路中的负荷电流含有高次谐波。有的钳形电流表(图 1.35)可以抽出某高次谐波,只对其进行测试。负荷电流中的基本频率成分叫做基波,3 倍频率的成分叫做 3 次谐波,5 倍频率的成分叫 5 次谐波。通常从第 5 次测到第 25 次。

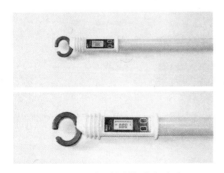

图 1.34   高压用钳形电流表

图 1.35   测试各谐波成分的钳形电流表

技能训练   用钳形电流表测量基波、3次谐波、5次谐波及其他高次谐波

　　将谐波编号设定在作为基波的"1",即可测量此时的电流值,如图 1.36 所示。将谐波编号设定在作为 3 次谐波的"3",即可测量此时的电流值,如图 1.37 所示。

　　将谐波编号设定在作为 5 次谐波的"5",即可测量此时的电流值,如图 1.38 所示。同样可测试第 7 次、第 9 次高次谐波。如果第 9 次高次谐波还大,再测试第 11 次、第 13 次、第 15 次,如图 1.39 所示。

图 1.36　测试基波

图 1.37　测试 3 次谐波

图 1.38　第 5 次高次谐波的测试

图 1.39　其他高次谐波的测试

1.4　绝缘电阻表

 知识点1　绝缘电阻表的种类

电气设备或配线都有绝缘物覆盖,使电线之间以及对地之间绝缘。当然绝缘并不是完全不导电,当绝缘物的两端加电压时仍有极为微小的电流流过,此电流的大小为皮安(pA)到微安(μA)。根据所加的电压与电流可求得绝缘物的电阻值,此电阻从 1 兆欧(MΩ)到 1000MΩ 左右,数值非常大,叫做绝缘电阻。测量绝缘电阻的仪表叫做绝缘电阻表。发电机式绝缘电阻表如图 1.40 所示。积层电池式绝缘电阻表如图 1.41 所示。电池式绝缘电阻表如图 1.42 所示。

图 1.40　发电机式绝缘电阻表

图 1.41　积层电池式绝缘电阻表

图 1.42　最新出品的电池式绝缘电阻表

 知识点2　绝缘电阻的测试方法

低压用的绝缘电阻表(兆欧表)有接地导线夹及电压探头,如图 1.43 所示。绝缘电阻表是通过给被测物加直流电压来求电阻值,因此要根据电路的电压选用相应额定测试电压的绝缘电阻表。在低压电路中使用额定测试电压为 $100\sim500\mathrm{V}$ 的绝缘电阻表。

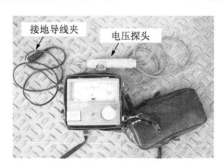

接地导线夹　　电压探头

图 1.43　低压用的绝缘电阻表

用接地导线夹夹住接地线的端子(图 1.44)。当测试场所没有接地线时可以夹在电路的接地电线上(在低压电路是用中线或把低压侧的 1 个端子做 B 种接地,将其作为接地极使用)。将电压探头接触到被测电路并按下装在探头上的按钮开关,如图 1.45 所示。按下装在电压探头上的按钮开关的瞬间虽然能显示低的绝缘电阻值(图 1.46),但测试值会随着时间渐渐增大,经过 1min 左右显示的测值能稳定。此时的数值是电路的绝缘电阻值,如图 1.47 所示。各相都要测试,记录下其中最低的绝缘电阻值。

图 1.44   使用接地导线夹

图 1.45   用电压探头接触电路

图 1.46   加电压瞬间的指针

图 1.47   指针稳定后的绝缘电阻值

低压电路绝缘电阻的判断值见表 1.1。

表 1.1   测试低压电路绝缘电阻的判断值

按使用电压区分电路		绝缘电阻值
对地电压 (非接地式电路指线间电压)	150V 以下	0.1MΩ 以上
	超过 150V 不到 300V	0.2MΩ 以上
超过 300V		0.4MΩ 以上

 技能训练   测试高压电路的绝缘电阻

通常用 E 端子法进行测试。E 端子法是把绝缘电阻表的 E 端子夹在电路的接地端子上,再用 L 端子的探头接触被测电路,按下按钮(G 端子不使用)保持 1min 后读取的值就是绝缘电阻值。测试时要戴高压手套,如图 1.48 所示。

　　G 端子也叫屏蔽电极或保护电极,在测量绝缘物的体积电阻及表面电阻时使用,目的是为了去除外表面电阻,只测体积电阻的电极。

　　从高压电路整体来说并没有规定绝缘电阻值,但日常维护检修的大致范围见表 1.2。高压 CV 电缆的绝缘电阻目标值见表 1.3。

表 1.2

电路的电压	绝缘电阻的目标值
3000V	3MΩ 以上
6000V	6MΩ 以上

表 1.3

	通常测试（E 端子法）	用 G 端子法测试
绝缘体	2000MΩ 以上	5000MΩ
外　皮	1MΩ 以上	1MΩ

图 1.48　测试时要戴
高压橡胶手套

知识点3　绝缘电阻表的额定电压及主要使用示例

　　绝缘电阻表(兆欧表)(图 1.49)的极性是将负极接到 L 端子,正极接到 E 端子。这是因为把正极接到大地一侧的绝缘电阻小,从安全角度考虑选用这种接法。绝缘电阻表的额定电压及主要使用示例见表 1.4。绝缘电阻表的有效最大示值见表 1.5。

图 1.49　125/250V 绝缘电阻表的外观

表 1.4　绝缘电阻表的额定电压及主要使用示例

额定测量电压/V	主要使用示例
25、50	测试电话线路的机器或配线,防爆电机电路等的绝缘电阻
100、125	测试对地电压在 100V 以下的低压电路(电灯电路)的绝缘电阻
200、250	测试 200V 以下电路(动力电路)的绝缘电阻
500	测试低压配线及低压电气设备的绝缘电阻
1000	测试高压配线及高压电气设备的绝缘电阻
2000	
5000	
10 000	

表 1.5　绝缘电阻表的有效最大示值

额定测量电压/V	模拟式/MΩ	数字式/MΩ
25、50	5、10	1、2、5、10、20、50、100、200、500、1000、2000、3000、4000、适宜
100、125	10、20	
200、250	20、50	
500	50、100、1000	
1000	200、1000	
2000	适　宜	
5000		
10 000		

 知识点4　绝缘电阻表使用前的检查及精度管理

　　用绝缘电阻表的测试探头接触电池检查部。确认电池的容量是否在规定范围内,如图 1.50 所示。在接地导线夹与测试探头连接的状态,按下探头的开关,检查是否为0MΩ,如图 1.51 所示。绝缘电阻表必须定期进行精度管理。用 0、0.1MΩ、1MΩ、10MΩ 的标准电阻器抽点测试(图 1.52),检查误差是否在规定值以内。误差超过规定要进行修理。

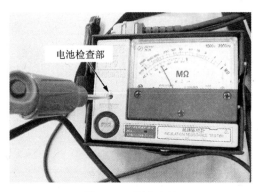

图 1.50　检查电池

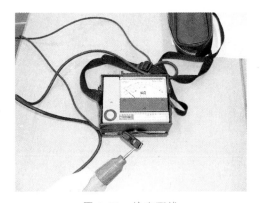

图 1.51　检查配线

图 1.52　用标准电阻器做精度检查

电工常用工具的使用与养护

课前导读

电工常用工具是指一般专业电工经常使用的工具，能否熟悉和掌握电工常用工具的结构、性能、使用方法和操作规范，将直接影响电工技术人员的工作效率、电气工程的质量，以及电工技术人员的人身安全。

掌握低压验电器、高压验电器、活扳手、手电钻、电锤、电缆切割工具、小型交流电弧焊接机等电工常用工具的结构、性能、使用方法、操作规范及养护技巧。

学习目标

2.1 低压验电器

知识点1 氖管发光式验电器

氖管发光式验电器有自动铅笔型和螺栓旋具型两种。图 2.1 所示为 OA 型氖管式低压验电器,其自动铅笔型的绝缘管中装有氖管和电阻,串联在笔尖的金属体与接地金属体之间,它是一种小型、轻便、安全且易于测电的仪器,得到广泛应用。

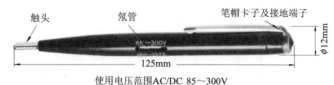

使用电压范围AC/DC 85~300V

图 2.1 OA 型氖管式低压验电器

知识点2 声光式验电器

声光式验电器由探针、半导体电路和纽扣电池组成,因为笔尖采用了导电橡胶,在使用中无需担心短路。图 2.2 所示是一种 HT-610 型声光式低压验电器,由蜂鸣器发声和高亮度发光二极管发光来表示带电。可以从电线的绝缘层外面测出最高 AC 600V 电压。

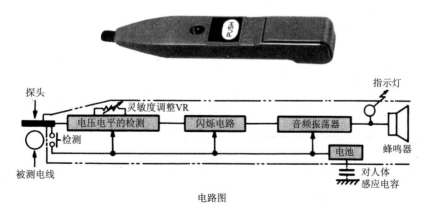

电路图

图 2.2 HT-610 型声光式低压验电器

技能训练   氖管发光式验电器与声光式验电器的使用

使用氖管发光式验电器测电时,手握笔帽卡子(接地金属),同时使笔尖金属部分触及被测电路,如果带电,氖管就发光,如图 2.3 所示。

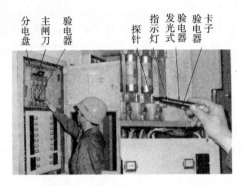

分电盘　主闸刀　验电器　指示灯　发光式　验电器　卡子
探针

图 2.3　氖管发光式验电器验电

使用声光式验电器测电时,手握笔帽卡子(接地部分),同时使笔尖探针触及被测电路,如果带电,蜂鸣器响,且红色 LED 发光,也可用于最高 AC 600V 的测量。即便是被覆线的外面测量,如果带电也会有断续的蜂鸣音,LED 也会断续发光。

 知识点3   验电器使用方面的注意事项

进行测电之前要检查验电器是否能正常工作。这种检查可通过使用验电器检测器,或者在已知的带电线路上进行确认。验电器检测器用于低压验电器、高压验电器和高低压兼用验电器的检验,参见图 2.4。使用方法是先检查检验器的电源是否打开,按下输出开关,此时,若(电池式)输出指示灯变亮,则把验电器的探头触及电压输出端子,以判断验电器是否正常工作。

要确认验电器的使用电压范围。切勿用低压验电器测高压,一旦测高压会造成触电事故,绝不可误操作(仔细阅读使用说明书)。内置电池验电器,当电池用旧时,要及时更换新电池。

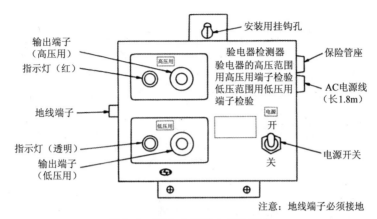

图 2.4　HLL-1 型验电器检测器

2.2　高压验电器

知识点1　高压验电器的种类

　　高压验电器包括氖管式(图 2.5)、声光式(图 2.6)及风车式几种。表 2.1 列出了声光低压验电器的主要参数。

图 2.5　氖管式高压验电器

80~400V

图 2.6　声光式高压验电器

表 2.1   HSC-7 型声光式低压验电器的主要参数

额定工作起始电压	低压	裸露带电部分 80V(接触带电部分)
	绝缘线	(φ5mm OE 线)3000V
额定不工作距离	断续	(对地电压 4kV)50cm
	连续	(对地电压 4kV)3cm
使用温度范围		−10～+50℃
使用电池		7 号电池(1.5V)2 节

知识点2   高压验电器的使用方法和注意事项

检测方法是按下按钮检查验电器工作情况是否正常(整个电路自检方式),然后将验电器的金属探头接近带电体进行验电检测(非接触验电检测)。验电之前必须按下按钮进行检查。按下按钮和松开按钮时都会发光和发声,且在 1～3s 之间自动停止发光和发声,检查时要弄清楚这一点。

作业中的注意事项:为了预防发生触电事故灾难,要保持规定的安全距离,戴上高压绝缘橡胶手套(图 2.7)作业;这种验电器不能检测直流电压,因此在进相电容器等装置的交流电源停电情况下,其带电电压是直流,这一点要注意;虽说能够检测 30kV 以上的电压,但检测距离变长,并无实用性。

绝缘保护器具的穿戴情况示于图 2.8。

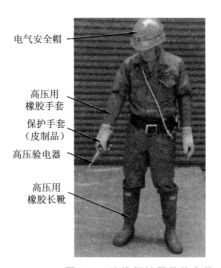

高压母线 高压验电器 保护手套 高压用橡胶手套

电气安全帽
高压用橡胶手套
保护手套(皮制品)
高压验电器
高压用橡胶长靴

图 2.7   6kV 高压验电作业   图 2.8   绝缘保护器具的穿戴

2.3　活扳手

活扳手与呆扳手一样,用于配电盘及设备的组装、安装以及导体的连接、紧固等作业。

 技能训练　活扳手的使用方法

转动蜗杆,调节开口开启程度,将活扳手的两个平面与螺栓、螺母的两个平面正好吻合起来,将螺栓、螺母放到夹口的最里面紧紧咬住,用于紧固和拆卸的作业,如图2.9所示。

活扳手的夹口开启程度与螺栓、螺母不吻合,或者仅用夹口尖夹住螺栓、螺母时留有间隙,这样做往往会滑脱造成危险。请不要用活扳手代替钉锤,也不要在活扳手的握柄上加上套筒以加长握柄使用。

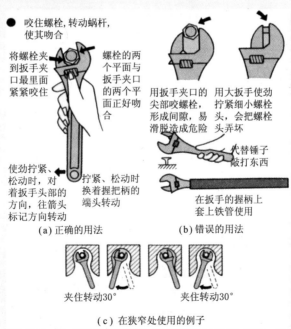

图 2.9　活扳手的使用方法

2.4 手电钻

本节通过介绍日立 DS13DVA 型充电式螺栓旋具/手电钻,来介绍手电钻的使用方法及注意事项(图 2.10)。

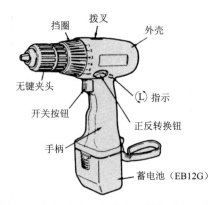

挡圈 拨叉 外壳
无键夹头
开关按钮
手柄
Ⓛ 指示
正反转换钮
蓄电池(EB12G)

图 2.10 DS13DVA 型充电式螺栓旋具/手电钻

知识点1 手电钻的用途

手电钻可用于小螺丝、木螺丝、自攻螺丝等的紧固和拆卸;各种金属(铁板、铝板等板材)的钻孔(用铁钻头);各种木材的钻孔(用木工钻头);螺栓、螺母的紧固和拆卸。

知识点2 手电钻的充电方法

手电钻的蓄电池充电后,如果搁置不用会自行放电,因此要提前充电。安装蓄电池时将蓄电池推向手柄下部,对准手柄的开关钮方向准确插入。取下时,一边按下蓄电池与主体紧连蓄电池前半部分的止动按钮,一边拔出蓄电池(图 2.11)。充电要在规定的温度范围内进行。快速充电时要采用特殊的充电控制器,因此,要在 0~40℃气温范围进行充电。确认电源电压(AC 100V)后,再将充电器的插头插入电源插座。插入后,充电指示灯(红色)持续闪亮。插入即开始充电,充电灯(红色)连续闪亮。反向插入则会造成充电器故障。当充电指示灯(红色)灭了时,要关掉电源,取下蓄电池。约充 12min 即可,充电指示灯闪亮(周期为 1s)表示充电结束。充电完毕后,将充电器的插头从电源插座拔出,然后取下蓄电池,将蓄电池正确无误地装到工具主体上。

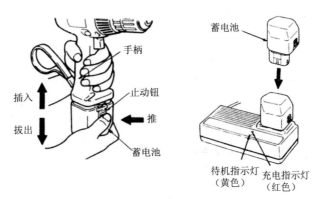

图 2.11　蓄电池的拆卸和充电方法

 知识点3　**手电钻的使用方法**

① 端头工具的安装(图 2.12)。将空心轴扳向 FREE(解除)一侧,握住环,向左旋转空心轴,即可打开无键夹头。将螺丝刀头等附件插入无键夹头,握紧环,向右旋转空心轴就安好了。安好后将空心轴扳向 LOCK(固定)一侧。

② 旋转方向的确认(图 2.13)。从 R 侧按下开关部分的正反转按钮时,从后面向右转动;从 L 侧按下时,向左转动。转速随开关钮按下的程度而变化,在开始上螺栓和钻孔中心定位时,稍微按下开关钮,慢慢地开始转动,松开按钮时加上制动,立即停止转动。

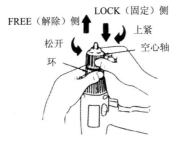

图 2.12　端头工具的安装方法

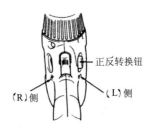

图 2.13　旋转方向的确认

③ 功能挡圈位置的确认。调整功能挡圈的位置可改变该工具的紧固力。用作螺栓旋具时,使功能挡圈上的白线与机壳上显示数字"1～5"的位置重合(图 2.14);用作电钻时,使功能挡圈上的白线与电钻标志重合(图 2.14)。

④ 紧固力的调整。紧固力要根据螺栓直径选择强度,1 为紧固力最弱,2、3、4、5 依次加强(表 2.2)。

表 2.2　紧固力的选定

功能挡位	紧固力	作业目标
1	约 10kg·cm	紧固小螺丝 对软木材紧固螺丝
2	约 20kg·cm	
3	约 30kg·cm	
4	约 40kg·cm	对硬木材紧固螺丝
5	约 50kg·cm	
电钻	高速:约 70kg·cm	紧固粗螺丝 用作电钻时
	低速:约 210kg·cm	

⑤ 转速的转换。转换转速时扳动调节钮,扳向"LOW"侧为低速,扳向"HIGH"侧为高速。扳动调节钮改变转速时,必须在断开电源开关后再进行(图 2.15)。

⑥ 金属件钻孔。在钢板等金属件上钻孔时,要事先在工件上用中心冲子打钻孔定位点,这样钻头就不易打滑,同时,在钻孔处滴一点机油或肥皂水再钻孔。过于使劲未必能很快钻好孔,相反会损伤钻头,降低工作效率。孔快要钻透时,使过大劲钻头会在夹头上打滑,降低其夹紧力。

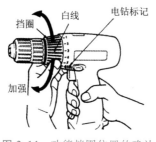
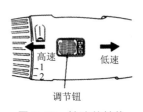

图 2.14　功能挡圈位置的确认　　　图 2.15　转速的转换

2.5　电　锤

知识点1　电锤的组成

DH15DV 型充电式电锤如图 2.16 所示。选购部件包括蓄电池和图 2.17 所示的用于安卡锚栓打孔作业(旋转+冲击)及安卡锚栓打入作业的附件。电锤的具体附件:用于锚栓打孔

作业(旋转＋冲击),包括细径钻头、细径钻头用的接头、直柄钻头、钻头(锥柄)、锥柄用的接
头、振动钻用的 13mm 锤钻夹头和夹头钥匙;安卡锚栓冲头和冲头有装在电锤上使用的和装
在手锤上使用的;用于钻孔和紧固螺栓作业(旋转)的部件有特种螺丝、13mm 钻头夹头、夹头
接头、夹头钥匙、十字螺栓旋具(螺丝刀)、螺栓旋具(一字螺栓用)。

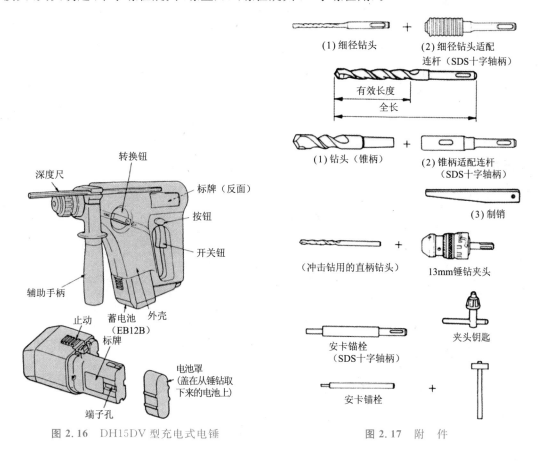

图 2.16　DH15DV 型充电式电锤　　　　　图 2.17　附　件

知识点2　电锤使用前的确认

使用电锤之前要进行确认:作业环境的整顿、确认;蓄电池的安装确认;旋转方向的转换
(图 2.18),将按钮的 R 侧按入时右转(正转),将 L 侧按入时左转(反转)。但是正在旋转时不
得转换;"旋转＋冲击"和"旋转"的转换,将转换钮扳到"旋转＋冲击"符号一侧,或者扳到"旋
转"符号一侧即可完成转换(图 2.19)。

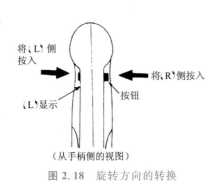

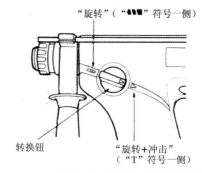

图 2.18   旋转方向的转换　　　　图 2.19   "旋转"与"旋转＋冲击"的转换

 知识点3   电锤的使用方法

① 在混凝土等材质上钻孔的方法。将滑动夹紧装置拉到底,一边转动钻头一边插入到最里面。松开滑动夹紧装置即回位,钻头被锁定(图 2.20)。取下钻头时,将滑动夹紧装置拉到底,拔出钻头。将转换钮扳到"旋转＋冲击"一侧。将钻头尖顶住钻孔的位置后打开开关,轻轻地按住进行钻孔。

② 给金属、木材钻孔和紧固螺栓的方法。将转换钮扳向"旋转"符号一侧。将夹头接头装到钻头夹头上,再将钻头夹头的爪(3 只)打开,上紧特殊螺栓,与安装钻头一样,将滑动夹紧装置装到主体上(图 2.21)。

③ 钻孔作业。将钻头装到钻头夹头上给铁板、木材等材料钻孔。将钻头装到钻头夹头上时,必须用夹头钥匙上紧,将卡头钥匙依次插入三个孔均匀上紧。

④ 螺栓的紧固和拆卸。将十字螺栓旋具或普通螺栓旋具(一字螺栓用)装到钻头卡头上,紧固或拆卸螺栓。

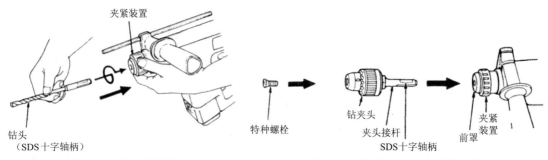

图 2.20   钻头的安装　　　　图 2.21   钻夹头、夹头接杆的安装

2.6 电缆切割刀具

本节以 P-100A 型刀具为例来介绍电缆切割刀具。图 2.22 示出了 P-100A 型工具头分离式电缆切割刀具各部位名称。

知识点1 电缆切割刀具的使用方法

电缆切割刀具要与液压泵配合使用。将油压软管上的阳接头连接到工具头的阴接头上。将电缆(被切割件)放到切割刀刃上。按下套管销,打开工具头环口,将电缆放进去。关闭工具头环口,将套管销彻底插入。切割电缆时(图 2.23)使电缆与刀刃成直角,操作油泵切断。切割完毕后,操作油泵,使活塞降到下止点为止(释放压力)。最后从工具头部取下油压软管,将罩戴到连接头上。

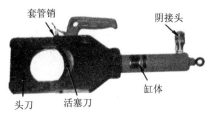

图 2.22 P-100A 型工具头分离式电缆切割刀具

图 2.23 切割电缆的作业

知识点2 电缆切割刀具使用方面的注意事项

使用电动泵时,刀具的转速很快,瞬间即可切断,因此要特别注意。将套筒销完全插入之后再进行切割。一定要接好连接头,装卸必须是在泵压力降低之后的状态下进行,而且不要使脏东西沾到上面。若沾上脏东西,要用抹布之类的东西擦干净。

知识点3 电缆切割刀具的保养及检查

　　活塞环口磨损时按要领予以更换。使活塞上升，直到能看见活塞环口的止动螺丝为止，用螺丝刀取下活塞环口止动螺丝，更换环口。

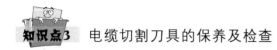

2.7　小型交流电弧焊接机

　　图 2.24 所示是一种动铁型（分离方式）内置自动防电击装置的小型交流电弧焊接机，用于轻型钢、薄铁板小件焊接及一般结构件的临时焊接等作业。其附件示于图 2.25。电弧焊接机的结构及连接如图 2.26 所示。

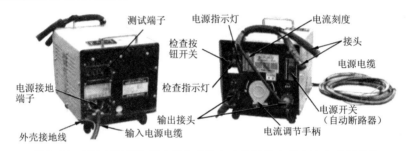

图 2.24　HD-150DBD 型内置自动防电击装置的小型交流电弧焊接机

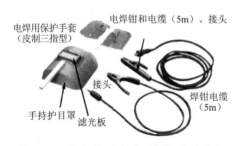

图 2.25　电焊钳、电极夹、面罩、保护手套

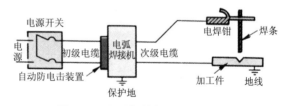

图 2.26　电弧焊接机的结构及连接

知识点1 作业程序

　　① 电缆与塞孔连接时，如图 2.27 所示，按规定长度，将电缆（14～38m²）的外皮剥去，通过绝缘橡胶松开塞孔上的ⓑ和ⓒ两个内六角螺栓，将电缆心线头折回来插入，再用 L 形内六角扳手上紧ⓑ和ⓒ两个内六角螺栓予以固定。将绝缘橡胶塞入，最后把内六角螺栓ⓐ上到橡

胶的中间。

② 将电缆与接头及电焊钳连接起来。

③ 将电焊机搬运到作业场地确定的位置(临时分电盘附近)安置好。

④ 给初级(输入)电缆头装上压接端子,与电焊机主体上的端子接上,上紧螺栓。还要注意 100V 和 200V 的不同端子,不要接错端子。

⑤ 将电缆接到分电盘的开关或者端子上。

⑥ 将地线(三心电缆时用其中一根)连接到主体的地线接线端子及分电盘的接地端子上(图 2.28)。

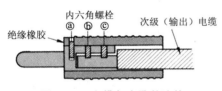
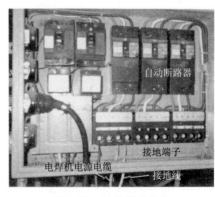

图 2.27　电缆与塞孔的连接　　　　图 2.28　连接到分电盘

⑦ 要确认自动防电击装置处于正常工作状态。首先接上电源确认电源指示灯亮,接着按下检查按钮开关,确认工作灯亮。

⑧ 确认电源闸刀及主机电源自动断路器开关关闭。

⑨ 将装有插孔和电极夹的电缆拉开,将电极夹牢牢地夹住工件。另外,还可以连接到与工件电气性连接充分的钢结构上(是电缆截面积 10 倍以上),并将输出插头牢靠地插入塞口。

⑩ 将电焊钳的电缆拉到作业场地,将输出插头牢靠地插入塞口。

⑪ 线拉好后,打开电源闸刀和电焊机主体上的自动断路器开关开始作业。

⑫ 用电流调整手柄调节电流。顺时针方向旋转增加电流,反时针方向旋转则减少电流。焊接电流因作业内容、焊接材料、加工板厚及焊条不同而各异。选用适合作业内容的焊条,并调节焊接电流。

⑬ 带自动防电击装置的与不带自动防电击装置的电焊机,在电弧产生方式方面稍有不同(图 2.29)。带自动防电击装置时,像划火柴棒那样,用焊条头在工件表面轻轻地一划,使其通电,然后将焊条头与工件的间隔保持在 2～3mm 时,即产生电弧。一次动作没有产生电弧时,可重复这一动作。图 2.30 示出焊接作业的情况。

⑭ 作业完毕之后,切断电焊机主体上的电源自动断路器及电源闸刀。把焊接设备和防

护用具收拾起来。

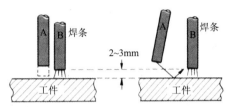

(a) 没有用自动防电击装置的情况 (b) 用了自动防电击装置的情况

图2.29　电弧的产生方式

面罩（手持式护目罩）　　电焊钳　盘底座

图2.30　焊接作业

 知识点2　**使用方面的注意事项**

使用小型交流电弧焊接机时,应注意以下几点:

①使用前要进行检查,看焊接设备和防护用具有无损伤。

②确认利用率,注意不要超过规定的利用率。

③要随时携带消防器材。

④要正确穿戴保护器具(面罩、保护手套、安全靴等)作业。

⑤电焊机尽量在不潮湿的场地安置使用和保管,在可能被雨淋或者有漏雨的地方安置和保管时要事先盖好罩布。

⑥每半年或一年对自动防电击装置的各项指标做一次定期检查。

第3堂课

电工基本操作技能

课前导读 电工基本操作是每个电工技术人员必备的技能，扎实地掌握电工基本操作技能是进行各种复杂操作的基础，是开展一切工作的前提。

掌握电工基本操作技能，包括电线电缆剥皮、电线连接、识别和使用各种电气接头、导线和电气接头的连接等内容。

学习目标

3.1 电线斜削式剥皮

把 IV 线（塑料绝缘电线）放在手指肚上，刀刃放在距离端部 3cm 处，握刀方法如图 3.1 所示。以大约 30°的角度切入。当刀刃接触到芯线时再以 10°的角度拉向端部，如图 3.2 所示。

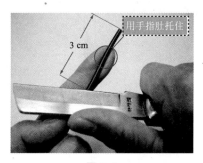

用手指肚托住

3 cm

图 3.1

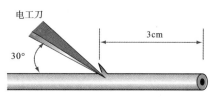

电工刀

30°

3cm

图 3.2

一边拉刀一边向前推，削到端部，如图 3.3 所示。逐条切割，完成一周，如图 3.4 所示。

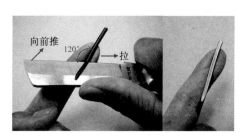

向前推

120°

拉

图 3.3

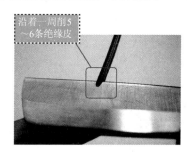

沿着一周削5~6条绝缘皮

图 3.4

完成品如图 3.5 所示。常见的缺陷示例如图 3.6 所示。

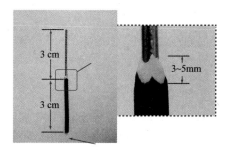

3 cm

3 cm

3~5mm

图 3.5

残留尾巴 切口不齐 刮伤芯线

图 3.6

3.2 环切式剥皮

与斜削式剥皮的步骤 3 相同，先在一面剥 3cm，如图 3.7 所示。刀刃朝上，与电线垂直相切，如图 3.8 所示。

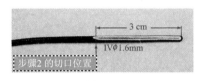

图 3.7

图 3.8

沿圆周切一圈，切割深度为绝缘皮的一半，不可损伤芯线，如图 3.9 所示。像拧毛巾那样，左右手腕相反方向旋转，如图 3.10 所示。

图 3.9

图 3.10

捻转绝缘皮剥离，练习到转一圈即可完成，如图 3.11 所示。见的缺陷示例如图 3.12 所示。

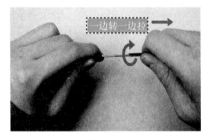

图 3.11

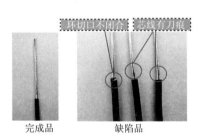

图 3.12

3.3 2 芯电缆剥皮

在距离电缆端 10cm 的地方，沿护套切一周（切割深度为护套厚的 2/3 左右），如图 3.13 所示。在 2 条芯线之间切割，一直到电缆端部，如图 3.14 所示。用钳子剥除护套，如图 3.15 所示。

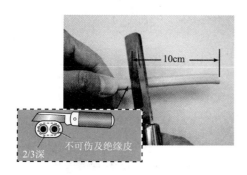

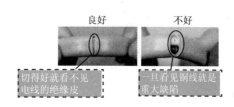

良好　　　不好

切得好就看不见
电线的绝缘皮

一旦看见铜线就是
重大缺陷

不可伤及绝缘皮

2/3深

图 3.13

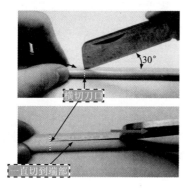

横切刀口

一直切到端部

图 3.14

图 3.15

完成剥皮,如图 3.16 所示。缺陷示例如图 3.17 所示。

剥除后应留有白色拉断痕迹

断面

图 3.16

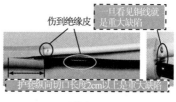

一旦看见铜线就
是重大缺陷

伤到绝缘皮

护套纵向切口长度2cm以上是重大缺陷

图 3.17

3.4 3芯电缆剥皮

准备 30cm 的 VVF(塑料护套电缆)3 芯电缆,在距离端部 15cm 处环切一周,如图 3.18 所示。纵切如图 3.19 所示。剥离护套如图 3.20 所示。

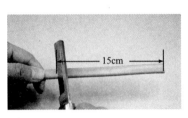

图 3.18

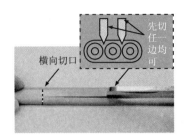

图 3.19

图 3.20

在距离 3 条线端部 3cm 处的一面同时剥皮,并进行压接,如图 3.21 所示。完成品及缺陷示例如图 3.22 所示。

剥离一面的绝缘皮。EEF 电缆较硬,应逐条剥皮

每一条都环切

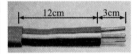

按照右图剥绝缘皮

进行压接

图 3.21

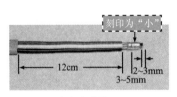

(a)完成品

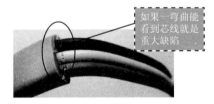

(b)缺陷示例

图 3.22

3.5 2 芯 VVR 圆电缆剥皮

为了容易抽出内部,先把端部弯曲几次,如图 3.23 所示。沿一周环切,切割深度是护套厚的 1/2 左右。注意不可伤及其中的绝缘皮,如图 3.24 所示。

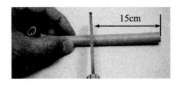

图 3.23　　　　　　　　　　图 3.24

沿电缆长度切割护套,直到端部。护套中的几条电线是捻成的,不可以切得太深,如图 3.25 所示。剥去护套如图 3.26 所示。

图 3.25　　　　　　　　　　图 3.26

用钳子或电工刀拔掉护套与绝缘皮之间的纸带,如图 3.27 所示。把电线捋直,剥 3cm 长的绝缘皮,按图 3.28 所示进行压接。

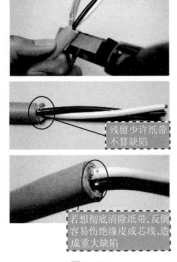

残留少许纸带不算缺陷

若想彻底清除纸带,反倒容易伤绝缘皮或芯线,造成重大缺陷

图 3.27

2条ϕ2mm电线时,用"小"刻印

ϕ2mm

ϕ2mm

ϕ2mm　1条

ϕ1.6mm　2条

1条ϕ2mm和2条ϕ1.6mm的场合,用"小"刻印

图 3.28

3.6　弯圆圈的练习

剥去 5cm 长的绝缘皮,用钳子夹住距离绝缘皮 3mm 处,如图 3.29 所示。利用钳口的宽度弯直角,如图 3.30 所示。

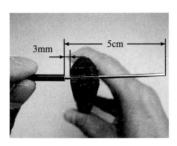

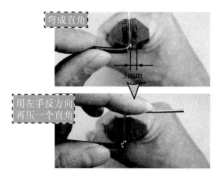

图 3.29   图 3.30

端部留出 1mm 用钳子夹断,如图 3.31 所示。用钳口角夹住铜丝端部并旋转弯成小圆圈,如图 3.32 所示。确认灯座的螺丝能穿入圆圈,如图 3.33 所示。完成品如图 3.34 所示。

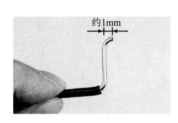

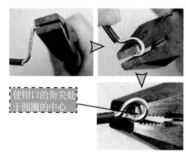

图 3.31   图 3.32

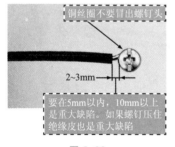

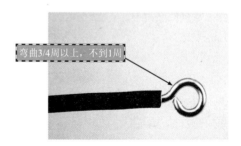

图 3.33   图 3.34

3.7 使用压接套管连接电线

按照图 3.35 所示剥去 IV 电线的绝缘皮,套上压接套管。用压接钳的特小号(○符号的刻印)夹住套管的中央部分,如图 3.36 所示。切断芯线前端即可完成,如图 3.37 所示。常见缺陷如图 3.38 所示。

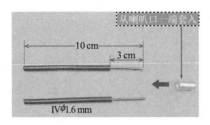

从喇叭口一端套入

10 cm

3 cm

窍门是绝缘皮对齐后，在压合前左手不能离开

IV φ1.6 mm

图 3.35

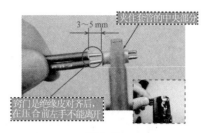

关住套管的中央部分

3~5 mm

图 3.36

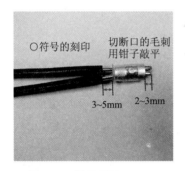

〇符号的刻印

切断口的毛刺用钳子敲平

3~5mm   2~3mm

图 3.37

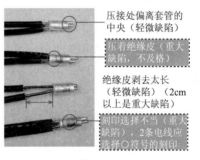

压接处偏离套管的中央（轻微缺陷）

压着绝缘皮（重大缺陷，不及格）

绝缘皮剥去太长（轻微缺陷）（2cm以上是重大缺陷）

刻印选择不当（重大缺陷），2条电线应选择〇符号的刻印

图 3.38

3.8　用插入式连接器连接电线

　　用环切法剥去 IV 电线的绝缘皮，对齐样板尺，用钳子切断芯线，如图 3.39 所示。用同样方法做 3 条 IV 电线，如图 3.40 所示。

　　将芯线插入连接器的孔内，如图 3.41 所示。完成品如图 3.42 所示。

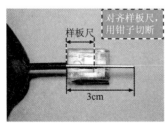

对齐样板尺，用钳子切断

样板尺

3cm

* 注意：连接器种类不同时样板尺也有差别

图 3.39

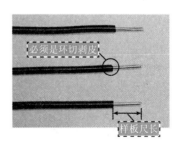

必须是环切剥皮

样板尺长

图 3.40

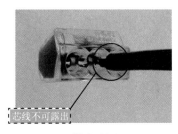

芯线不可露出

图 3.41

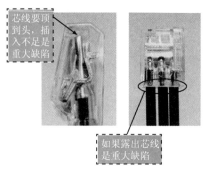

芯线要顶到头，插入不足是重大缺陷

如果露出芯线是重大缺陷

图 3.42

3.9   扭绞连接电线

照图 3.43 所示剥皮。用钳子夹住，如图 3.44 所示。

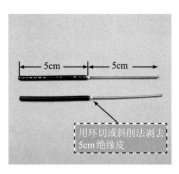

5cm   5cm

用环切或斜削法剥去 5cm 绝缘皮

图 3.43

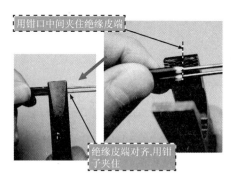

用钳口中间夹住绝缘皮端

绝缘皮端对齐，用钳子夹住

图 3.44

使两条芯线交叉，如图 3.45 所示。扭绞芯线，如图 3.46 所示。扭出 6 个突起(3 周)后用钳子切断，切口毛刺用钳子敲平，如图 3.47 所示。常见缺陷如图 3.48 所示。

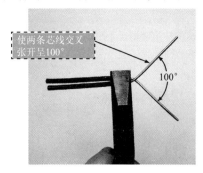

使两条芯线交叉张开呈100°

100°

图 3.45

用拇指与食指的力量扭绞（窍门是始终保持100°）

图 3.46

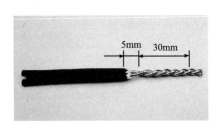

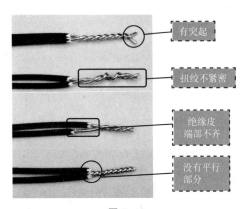

图 3.47

图 3.48

3.10　缠绕连接电线

　　如图 3.49 所示剥皮。用钳子夹住，如图 3.50 所示。长的芯线粗绕 1 圈并弯成 90°，如图 3.51 所示。用拇指和食指密绕 6 圈（不可有缝隙），如图 3.52 所示。

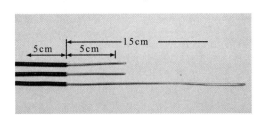

图 3.49

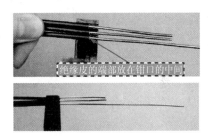

图 3.50

图 3.51

图 3.52

　　断端修整，如图 3.53 所示。2 条短芯线留 1cm 长切断，如图 3.54 所示。完成品如图 3.55 所示。常见缺陷如图 3.56 所示。

2条同时弯折

切断缠绕多余的芯线后，
用钳子裹圆断端

图 3.53

图 3.54

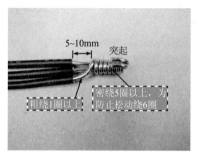

5~10mm 突起

粗绕1圈以上

密绕5圈以上，为
防止松动绕6圈

图 3.55

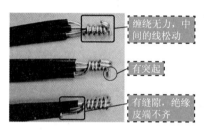

缠绕无力，中
间的线松动

有突起

有缝隙，绝缘
皮端不齐

图 3.56

3.11 连接灯座

准备材料，如图 3.57 所示。剥护套 5cm，如图 3.58 所示。

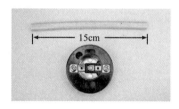

15cm

图 3.57

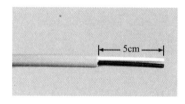

5cm

图 3.58

刀背贴着护套，从一个刀面宽度处开始同时削 2 条线的绝缘皮。然后 2 条线都用环切剥皮，如图 3.59 所示。将白线做成小圆圈，如图 3.60 所示。

刀面宽度 刀宽

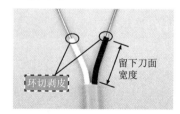

留下刀面
宽度

环切剥皮

图 3.59

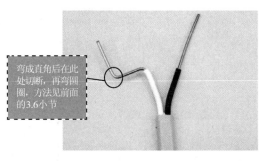

图 3.60

将电缆从灯座底部插入,用钳子引导到螺钉孔,如图 3.61 所示。电缆与螺口灯座连接。注意极性(白线接螺纹灯口)及圆圈方向(向右弯),拧紧螺钉,如图 3.62 所示。常见缺陷如图 3.63 所示。

图 3.61　　　　　　　　　　　　　　　图 3.62

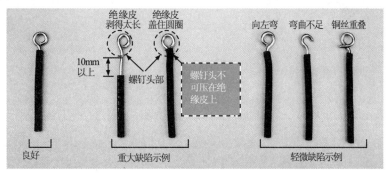

图 3.63

3.12　连接明装型插座

剥去护套与绝缘皮,如图 3.64 所示。用黑线做圆圈,如图 3.65 所示。

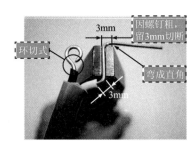

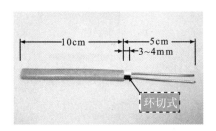

图 3.64

图 3.65

用钳子把电线拉到螺钉孔,如图 3.66 所示。拧紧螺钉,如图 3.67 所示。

图 3.66

图 3.67

3.13 用剥线钳剥皮

把剥线钳的护套剥离部定位在距离电缆端部 10cm 处,如图 3.68 所示。紧握剥线钳剥离护套,如图 3.69 所示。松开夹住护套的钳口后,用切刀向外拉护套,如图 3.70 所示。

注意:在护套表面 10cm 及绝缘皮表面 3cm 处先用指甲刻印就容易操作。

图 3.68   图 3.69

把剥线钳的绝缘皮剥离部位定在距离电缆端部 3cm 处,如图 3.71 所示。紧握剥线钳剥离绝缘皮,如图 3.72 所示。松开夹住绝缘皮的钳口,用切刀向外拉绝缘皮,如图 3.73 所示。

注意:如果伤及绝缘皮可再换用大号刀口。

图 3.70   图 3.71

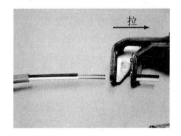

图 3.72   图 3.73

3.14 识别、使用各种电气接头

知识点1 接线柱

接线柱是最基本的接头,其性能最为可靠。任何其他类型的电路连接都不能够像老式螺栓螺母那样形成可拆卸的连接。

图 3.74 所示为一种基本的铜螺栓接线柱装置。铜螺栓通过两个平垫圈和一个螺母把绝缘板和导线接线片紧固在一起。螺栓顶部有一个手动螺母。连接导线时,只需要先把导线缠绕在螺杆上,然后拧紧手动螺母即可。为了实现更为稳固持久的连接,可以用六角螺母来代替手动螺母,然后用扳手拧紧即可。

板簧接线柱如图 3.75 所示,是一种非常古老的接线柱类型。这种接线柱的工作原理是,将开口板簧耳片压下,直到导线弯钩穿过耳片。将导线置于弯钩下方,然后释放耳片。弹簧将把导线压靠在弯钩上,此时一个可靠的电路连接便形成了。

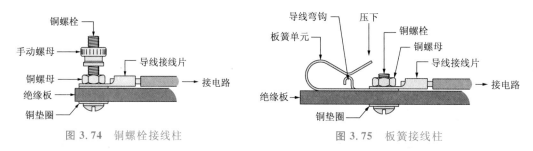

图 3.74　铜螺栓接线柱　　　　　　　　　图 3.75　板簧接线柱

螺旋弹簧接线柱把板簧接线装置向前推进了一步。首先压下塑料按钮,按钮进而压缩螺旋弹簧直至通孔下方。将导线插入并穿过位于按钮环上的插槽中,再穿过接线孔。当按钮释放时,弹簧将迫使导线与孔的内表面接触。这样,一个性能良好的电路连接便制作完成。图 3.76 示出了一种螺旋弹簧接线柱。

螺栓锁紧接线柱的设计目的就是兼顾弹簧接线柱的方便性和螺栓/螺母连接的紧固性。图 3.77 所示为一种典型的螺栓锁紧接线柱。手动螺母被旋开后,会提起夹紧块,打开导线连接。使用时,先将导线插入连接孔,然后旋紧螺母即可。

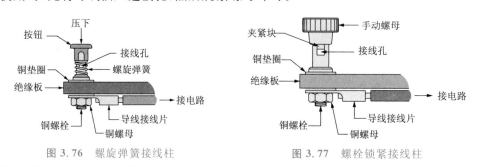

图 3.76　螺旋弹簧接线柱　　　　　　　　图 3.77　螺栓锁紧接线柱

图 3.78 所示的组合接线柱,能够综合所有接线柱的优点。这种接线柱有一个既能绕线又能穿线的螺栓锁紧手动螺母。其中螺母是绝缘的,并且接线柱的顶部带有一个标准香蕉插座。一般情况下,这种装置都备有一组绝缘垫圈,所以可以把它们安装在金属板上。永久性连接可以用一个导线接线片或者焊接接线柱制成。这种装置价位非常低廉,是首选的接线柱连接方式。

**知识点2 香蕉接头**

从本质上说,香蕉接头是单个插头和插座的组合,是一种易于接插的大电流、低电阻电气插件。图 3.79 所示为几种香蕉接头及插座装置。绝大多数香蕉接头都有一个针对测试导线而优化设计的无焊接导线接口。同时,绝大多数插座都集成有焊接接线柱。接地插座是全金属结构。双香蕉接头的插头中心间距为 0.75in,并且插头上有极性标志。

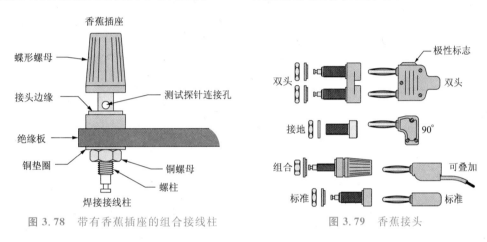

图 3.78 带有香蕉插座的组合接线柱   图 3.79 香蕉接头

知识点3 BNC 接头

BNC 指的是 Bayonet(卡头) Neill Concelman(人名),它是以 20 世纪 40 年代这种接头的设计者的名字命名的。BNC 的前身为 CRF 型("C"型无线电频率)接头,它是 CRF 的微型版本。经过多年的发展,BNC 已经成为用于试验设备及仪器的主要接头。它提供非常好的无线频率特性,500-VDC 电压等级,尤其还具备良好的防止杂波信号干扰的保护功能,但是它的载流能力并不好。这种接头分为插座和插头,使用时,把插头推到插座内部再将轴衬外环旋转四分之一圈,即可实现接头的紧密配合。当接头达到锁紧点时,轴衬外环上能感觉到锁紧力。图 3.80 所示为几种 BNC 接头结构及其适配器。因为 BNC 接头极为常见,对于几乎所有的标准接头,都可以很容易买到相应的适配器。

MHV 及 SHV 接头为 BNC 接头的两种变体。这两种接头是高压型号的 BNC,分别代表小型高压及安全高压。

MHV 有两个很明显的缺点。第一个缺点是只要足够用力,MHV 就能够与标准 BNC 接头相匹配。但是,如果强迫这两种接头匹配,就会严重损伤两个器件,此时唯一的办法就是

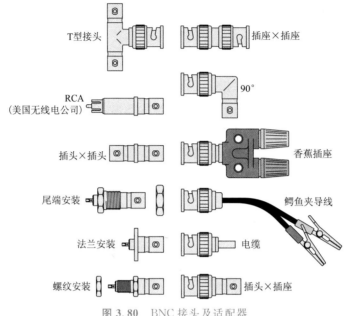

图 3.80 BNC 接头及适配器

用新的接头替换已损坏的接头。它的第二个缺点是,当在带电电路中应用这些接头时,操作人员会直接面对高压环境,此时触电就是一种潜在的致命危险源。尽管不同类型的试验设备及仪器中都用到了许多 MHV 接头,但是除非绝对必需,否则就不应该采用这种接头。

为了解决 MHV 接头存在的缺点,开发了 SHV 接头。这种接头不能与 BNC 或者 MHV 接头相匹配,并且在带电电路上使用时,能够为用户提供电压保护功能。通过插头中心伸出的螺旋弹簧能够很容易辨别出安全高压接头。SHV 插座与 BNC 及 MHV 接头相比,要长很多。对于所有的高压应用场合,应当首选 SHV。图 3.81 示出了 MHV 及 SHV 接头。

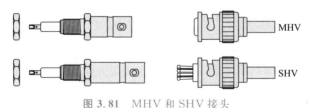

图 3.81 MHV 和 SHV 接头

知识点4 无线电频率接头

当涉及无线电频率(RF)电源时,例如收音机和电视机这类无线电应用场合,必须使用专用接头。这种接头是为了解决与 RF 能量相关的特殊问题(如信号的泄漏及杂波干扰)而专门设计的。

最常见的 RF 接头是 F 型接头,这种接头专门用于有线电视接线。F 型接头有一个小型螺纹头,它是与 RG-59-U 电缆相匹配的专用设计。图 3.82 所示为几种常用 F 型接头的外观结构。其中,推入型接头常用于要求频繁进行装卸的工作场合。

图 3.83 所示为几种小型及微型 RF 接头,在 RF 设备内部经常用到这种接头。

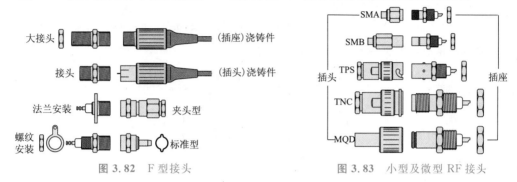

图 3.82 F 型接头   图 3.83 小型及微型 RF 接头

图 3.84 示出了一类具有中等尺寸大小的 RF 接头。这种尺寸范围内的接头常见于业余、商业及航海用无线电通信设备。用于公共波段(CB)收音机的接头采用超高频(UHF)设计规格。

大型无线电频率接头是为更高频率及大功率信号设计的。这种接头可在大功率无线电发射器及军用设备中见到。G874 接头是独一无二的,因为它是唯一采用通用极性设计的 RF 接头。图 3.85 所示为各种大型 RF 接头示意图。

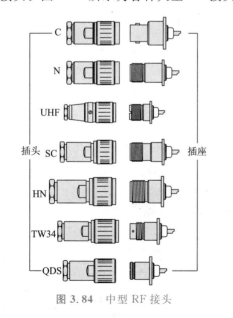

图 3.84 中型 RF 接头

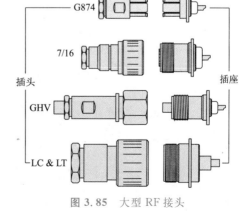

图 3.85 大型 RF 接头

 知识点5   音频接头

在音频家族里有 4 种常见的接头,它们分别是 RCA、1/4in(英寸)耳机、1/8in 耳机及 XLR 接头。在家用立体声音响系统中,有绝大多数人都使用过的 RCA 及耳机接头。XLR 接头主要用在专业录音及广播系统中。XLR 代表 X 型接头,它的接线端带有卡扣及橡胶套。图 3.86 所示为几种常见 RCA 接头的外形结构示意图。这种接头的价格非常低廉,并且对在音频设备中常见的典型敏感信号具有很好的性能。

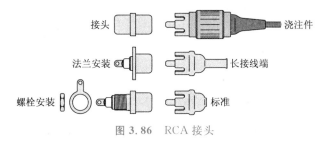

图 3.86   RCA 接头

虽然 1/4in 耳机接头最初是为用于早期电话系统的开关面板而专门设计的,但事实证明这种接头具有很强的适应性,因此在多种音频设备中受到青睐。早期的 1/4in 耳机插座是一个两极单元,随着立体声音响设备的出现,增加了一个第三极,这种设计风格一直保持到现在。图 3.87 所示为用于单声道及立体声音响系统的 1/4in 耳机插头和插座。

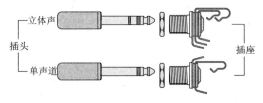

图 3.87   1/4in 耳机接头

随着音频设备的逐步微型化,1/4in 耳机插座因为尺寸太大而变得不受欢迎。为了满足小型设备的要求,1/4in 耳机缩小成原尺寸的一半,设计了 1/8in 耳机插座。这是用于绝大多数便携式录音机和 CD 机上面的音频插座。图 3.88 所示为单声道及立体声耳机插头和插座。

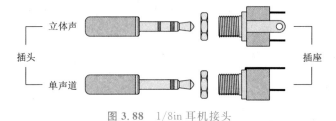

图 3.88   1/8in 耳机接头

图 3.89 所示的 XLR 接头是一种用途广泛的音频接头。它有三个管脚,并带有一个屏蔽外壳。插头集成了一个自动锁紧机械装置,必须手动释放才能断开连接。该接头的插头和插座既有面板安装型,也有电缆连接型。这些接头是公共广播设备的最佳选择。它们非常耐用,具有很长的使用寿命,适用于低电平信号(如麦克风)、中间信号(如前置放大器输出、音调控制等),也可以作为低功率放大器输出接头。

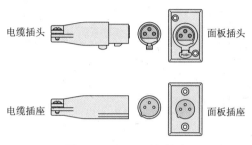

图 3.89   XLR 耳机接头

知识点6   数据接头

在我们的数字化生活中,数据接头变得无所不在,其中最明显的是它们在计算机和电话系统中的使用。在所有依赖数据控制的设备中也能够见到它们。

DB(D 类型微型)系列接头是数字世界中最常见的接头之一。DB 之后有一个数字,它代表这个接头的针头数目。DB9 有 9 针,DB25 有 25 针。HD15 是一个特殊的类型,它通常用于连接计算机 VGA 显示器。DB 系列接头在接头的每一端都有一组锁紧螺钉。插头有一组螺钉,插座有一组配合的螺母。插头和插座有阳极和阴极两种类型。这些接头用在低电平信号处理、试验设备和工具中。图 3.90 所示为大多数 DB 接头的端面视图和针头分布。

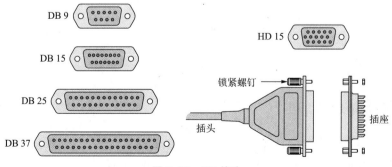

图 3.90   DB 接头

　　Centronics36 接头通常作为打印机并行接头使用。其阳极接头的两端有两个卡槽,与阴极接头上的一对锁紧卡头相对应。插头插好后,卡头就可以锁扣在卡槽内了。这些接头可应用于低电平信号处理、试验设备和工具中。图 3.91 所示为一个 Centronics36 接头。

　　通用串行总线接头(USB)在个人计算机中非常流行。图 3.92 所示为 A 类和 B 类 USB接头,以及一个输出针脚表。

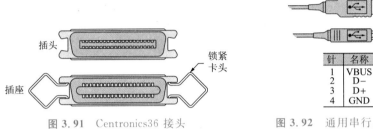

针	名称	规格
1	VBUS	+5V 直流电
2	D−	数据 −
3	D+	数据 +
4	GND	地

图 3.91　Centronics36 接头　　　　图 3.92　通用串行总线接头(USB)

　　DIN 接头是鼠标和键盘上最常见的插头。它们在所有控制设备中都可以使用,包括音频设备、试验设备和工具。生产者为了保证设计的独特性,经常用一个 DIN 接头代替标准插头。图 3.93 所示为标准和微型 DIN 接头的实例。

　　配准插座(RJ)接头通常用于电话上。RJ-10-2 用于把话筒连接到电话机,RJ-11/14 和RJ-12 用于把电话机连接在墙上的电话线插座中。RJ-48 通常用于以太网连接。这些接头的电流承载能力很低,仅用于低电平信号。图 3.94 所示为标准 RJ 接头。

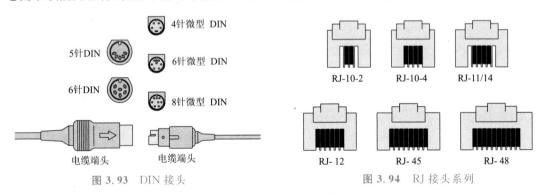

图 3.93　DIN 接头　　　　　　　　图 3.94　RJ 接头系列

知识点7　印制电路板接头

　　边缘接头是用于数字和控制电路接口的好方法。如图 3.95 所示,可以把 PC 板设计成一边有一排引脚的形式。切入板中的定位槽用来保证接头对正插入。

　　很多边缘接头设计成扁平电缆插头的形式。制作这种接头时,首先将扁平电缆插入接头,然后将卡头压入到位。随着卡头的压入,它会迫使扁平电缆卡进针头边缘,针头随后切入电缆绝缘层,与电缆导体接通。图 3.96 所示为一个典型的扁平电缆卡接接头。

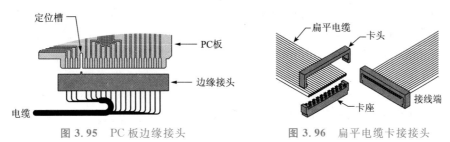

图 3.95　PC 板边缘接头　　　　图 3.96　扁平电缆卡接接头

 知识点8 **通用接头**

在每一个机电设备上几乎都可以看到多针接头。巧妙使用多针接头可以使最终的装配和维修工作变得非常简单。接头也为系统检测、调试和部件装配中的故障诊断提供便利。一个很好的应用实例是现代汽车中的电子系统。事实上,这些系统中的每个元件都是通过一个多针接头连接的。这种"黑箱"设计使得生产和维修都非常方便。

圆套锁紧接头通常是此类接头中质量最好的。这种接头的针脚配置多种多样,并带有一个螺纹圆套或者卡口圆套。它们有塑料型、金属型甚至是防水型。图 3.97 所示为几个多针圆套锁紧接头。值得注意的是,市场上销售的圆套锁紧接头也有非锁紧型的。

最常见的多针接头大概是模块系列接头。这些白色塑料接头通常用于计算机和家用电器中。它们的针头形状和额定电流有很多种。这些接头是为了在机器或设备内部使用而设计的。接头上带有针头分隔。导线压紧或焊接在插针上,插针再插入到接头中。拔出插针需要特殊的工具。图 3.98 所示为一个 8 针头模块接头。

Jones 接头是最古老的标准多针接头之一,曾经用于所有类型的设备中,并且至今可见。

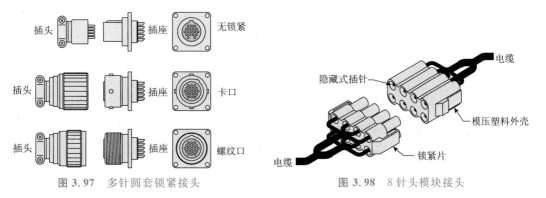

图 3.97　多针圆套锁紧接头　　　　图 3.98　8 针头模块接头

　　然而,现代的产品设计中已基本上淘汰了这种接头。这种设计采用酚醛塑料制作基座,在基座上安装平铲状针头。利用两个小螺钉或铆钉将金属外壳安装在基座上,这个外壳带有电缆卡和电缆抗拉卡头。图 3.99 所示为一个典型的 6 针 Jones 接头。

　　另一个古老的标准是 8 位接头。在 20 世纪 40 到 60 年代,这些接头最初用在管状插座上。与 Jones 插头不同,8 位插头已变成了现代控制继电器的标准插座之一。这种接头有 8 针和 11 针两种形式。它们特别耐用,易于插入和拔出。市场上提供的另一种类型是内置 8 位管脚的盒状接头。它能方便小部件的制作,并且能很容易插入标准继电器插座中。图 3.100所示为 8 针和 11 针 8 位接头,以及一个 8 位盒状接头单元。

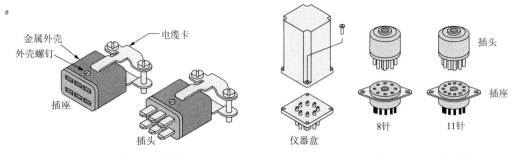

图 3.99　6 针 Jones 接头　　　　　　　　　　图 3.100　8 针和 11 针 8 位接头

 知识点9　AC 接头

　　我们大多数人对标准的 120V AC 接头很熟悉,它有双孔和三孔型两种,三孔型带有接地线。大多数现代的 120V AC 设备都配备三孔型插头,除非电器是双绝缘的。图 3.101 所示为几个标准 120V AC 接头。面板型主要在设备上使用。

　　图 3.102 所示为标准 240V AC 接头。人们不熟悉这些接头,因为 240V AC 通常不用于小型设备。这些插座通常用于为窗式空调提供动力。

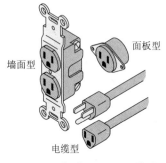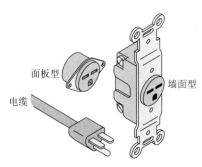

图 3.101　标准 120V AC 接头　　　　　图 3.102　标准 240V AC 接头

大多数 240V 电源用于大功率电器,例如,烤炉、干燥器、地热水汽、家用焊接机器等。这些设备需要使用具有更高的电流承载能力的插座,如图 3.103 所示。这个范围尺寸的插座能够承受 25~100A 的电流。

旋转锁紧 AC 接头,如图 3.104 所示,常用于可能突然断路的场合。连接时,将两个接头相互插紧,再旋转到锁紧位置。这类接头通常用于生产车间中,在车间里电动工具往往使用很长的拉伸电缆。接头的锁紧功能可以防止工人在拉拽电缆时把接头拔开。锁紧接头的另一个特点是它不是标准件,这意味着带有旋转锁紧接头的电动工具仅可用在有配套插座的车间中。

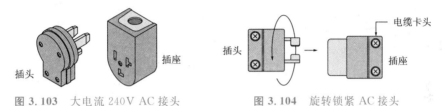

图 3.103 大电流 240V AC 接头   图 3.104 旋转锁紧 AC 接头

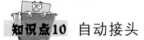

知识点10 自动接头

在自动化领域内有三种常见的接头,它们是桶形、片形或铲形、钩形或旋转锁紧接头,这三种接头都可以在复杂的自动化环境中良好运行。

桶形接头就是一个简单的圆柱形插头和一个与之相配合的桶形插座。桶形插座是开口的并且开口内有弹性回复力。插头有一个锥形的鼻子和一个锁紧槽。当插头被推入桶形插座后,桶形插座的开口内壁弹开,内壁的制动环卡进锁紧槽。图 3.105 所示为一个卷曲桶形接头。

片形或铲形接头包括一个扁平阳极插头和一个冲压成形的阴极插座。插座有卷曲的边,当插头插入时插座将夹住插头的外边。这种接头有非绝缘型的,如图 3.106 所示,也有完全绝缘型的。

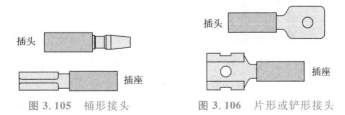

图 3.105 桶形接头   图 3.106 片形或铲形接头

钩形或旋转锁紧接头能够形成非常牢固的连接。它们通常用于永久性或半永久性连接。这种接头是不绝缘的,因此需要包上电工胶带,或者在连接后用热缩管套上。图 3.107 所示为一个典型的旋转锁紧接头。

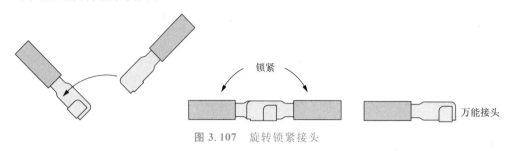

图 3.107   旋转锁紧接头

 知识点11   接线端子排

接线端子排是机电系统内分部件和控制用永久接线的首选接线配件。接线端子排具有多种设计类型、结构和接线端数目。

图 3.108 所示为一个典型的接线端子排。它的基体是黑色酚醛塑料,接线端为 8 个平板铜螺钉。部件导线连接在一边,而接口导线连接在另一边。这样的接线端子排提供了一种方便的手段,可以满足各种电气控制和接口的终端接线需要。

标准的接线端子排上的导体是裸露的,这在某些情况下可能出现电击的危险。为了防止出现这种危险,可以在端子排的上面安装一个塑料板,如图 3.109 所示。此时,固定端子排的是两个加长柱头螺栓,柱头螺栓上装有定位套,然后用两个手动螺母固定保护板。保护板还可以按照图 3.109 所示印上标志,用以标记设备功能。

图 3.108   接线端子排

图 3.109   接线端子排绝缘面板

将一排螺钉接线片固定在一个绝缘板上,就可以把接线端子排作为多针接头使用,如图3.110 所示。将接线端子排上的螺钉松开,将插头配件插进端子排,拧紧接线端子排上的螺钉,一个高质量的连接就完成了。

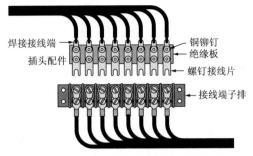

图 3.110　作为多针接头的接线端子排

从很多渠道都可以购买到完全绝缘的接线端子排。这些接线端子排通常被浇铸在一个绝缘块中,绝缘块上带有导线插座和卡紧螺钉。剥掉导线绝缘层,将其伸入插孔,拧紧螺钉后,一个高质量的连接就完成了。图 3.111 所示为一个典型的绝缘接线端子排。

为了实现快速接线,可以使用插入式接线端子排。使用这种端子排时,只需把导线绝缘层剥掉,然后插入插孔即可。松开导线时,用一个小螺丝刀插入插座释放孔,导线就可以成功拆下了。图 3.112 所示为一个典型的插入式接线端子排。

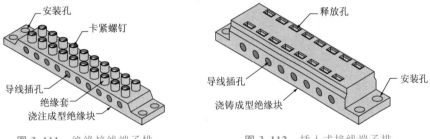

图 3.111　绝缘接线端子排　　　　　图 3.112　插入式接线端子排

3.15　导线与电气接头的连接

　知识点1　正确连接的重要性

在大多数电气安装与维修中都需要把导线连接到接线端,或者把导线与其他导线相连。必须正确切割、插接和连接电线,否则将会出现问题。劣质电接插件的电阻要大于正常电接插件的电阻。在大电流电路应用中,原本正常的电流通过劣质电接插件时会产生过高的热量(图 3.113)。劣质的电接插件还会降低为一般负载提供的总电能,这是由于一部分电能在劣质接插头处产生了多余的热量。导线接合处或输出接线端的高阻接头是由于粗糙的接合、松懈断续的接插件,或电路任何处的腐蚀引起的。

在电子系统中,如声音或数据电路,工作电压和电流都十分低。在这些电路中,高阻接插件会减弱控制信号甚至使信号完全丢失。为了把电阻损耗降到最小,使用高品质的接插件就能够保障良好的电连接。印制电路板的边缘连接器必须与插槽严丝合缝,才会使得连接电阻达到最小(图 3.114)。

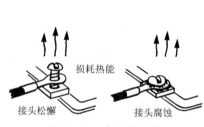

图 3.113　高阻接插件

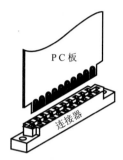

图 3.114　印制电路板的边缘连接器必须与其插槽适合

 知识点2 导线与固定螺丝连接

电气接头中最简单实用的形式是固定螺丝接头。电气设备的接线如开关、灯座等,最常用这种形式的接头。与固定螺丝相连需要将导体线弯成与螺丝头弯度合适的圈(图 3.115)。

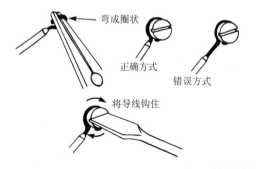

- 剥除一定长度的绝缘层,将裸线弯成圈状(大约3/4 in),如果弯的比较合适,裸线将与螺丝头紧密相连,然后再镀锡
- 用尖嘴钳将裸线弯成合适的圈状
- 用螺丝刀将螺丝拧松,但不要拧下来
- 将弯好的裸线圈钩在螺丝头上,并顺时针拧紧线圈,这样导线就会与螺丝紧合,不会在拧紧螺丝过程中脱离
- 用钳子将螺丝周围的线圈闭合,然后拧紧螺丝
- 不要使裸线在螺丝头外,如果出现这种情况说明剥除的绝缘层过多,此时需要减少裸线长度

图 3.115　与固定螺丝连接

对于铝制导线来说,它们的接线端由铝或铝合金制成。这样是为了兼顾导电性与机械强度两个方面。通常铜制导线的接线端都是由纯铜或者青黄铜合金制成。除非有特殊要求,否则不要将铜和铝的接线端混合在一起。使用铜导线还是使用铝导线须遵循设备对导线的额

定要求。这样要求的原因之一是,剥除铝导线的绝缘层后,裸线暴露在空气中将会迅速产生一层绝缘薄膜或氧化层,这会使得在开关或插座处有较差的导电性,并会产生多余的热量,除非所使用设备是专门为此设计,它就可以克服绝缘薄膜和氧化层的干扰,拥有较好的导电性。在铝导线中常常配有抗氧化成分,以保证长期的电气连接。双配额接头由电镀铝合金人造而成,它可用于连接或端子接入铜导线。这些设备都标有 CO/ALR 标志,它们都是特别制造,用于保证各种连接的优良传导性,并且兼容不同材料(图 3.116)。

导线标志(图 3.117)经常标记在导线的末端用来区分不同型号的导线。使用导线标志可以帮助工作人员在电路中迅速找到并追踪需要的导线。导线与接线端的标志在测试某个电路或为某个电路更换导线与配件时非常有用。

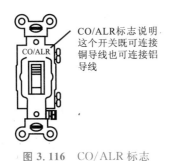

CO/ALR标志说明这个开关既可连接铜导线也可连接铝导线

图 3.116 CO/ALR 标志

图 3.117 导线标志

知识点3 导线与压缩接头连接

电气连接中使用最广泛的方法是创建并维持一个外部压力。通常会使用压缩接头或机械螺丝式接头来完成连接。无论使用哪种连接方式,如果要得到良好的连接状态,都需要正确清理和配制连接表面,同时在操作时要提供足够的夹紧力。

对接式压缩接头可用于连接两根导线。操作时,将导线插入一个特制的绝缘或非绝缘导线固定套管中,然后用卷边工具将套管中的导线卷边(图 3.118)。有各种类型的压接端子连接片用于将导线与端子连接(图 3.119)。

使用压缩工具压缩电缆接头是一种最好和最持久的连接方式(图 3.120)。这些无焊料的接头由整块的管形材料制成,可以使用手动或液压压缩工具进行安装。为了保证较好的连接状态,在安装时应参照制造商手册选择正确的接头型号、款式及操作工具。同时,要保证电缆与接头清洁,没有被腐蚀或氧化。然后将一部分电缆用压缩工具压入铜制套管中,直到将这两部分压制为一体。铜电缆可以安装在配额为 CU 的铜制压缩接头中,还可以安装在配额为 AL9CU 的双配额压缩接头中。铝电缆只能安装在铝制压缩接头和配额为 AL、AL7CU 或 AL9CU 的双配额压缩接头中。注意,铝制电缆不能安装在铜制接头中。当两种不相近的材料互相接触时，会加速氧化现象。当将铝导线接入铜制输出口或开关中时，氧化现象会导致电阻值增加。

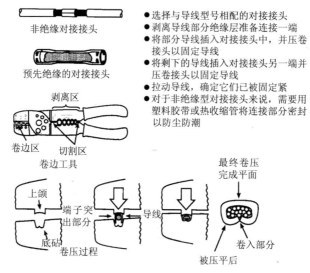

● 选择与导线型号相配的对接接头
● 剥离导线部分绝缘层准备连接一端
● 将部分导线插入对接接头中，并压卷接头以固定导线
● 将剩下的导线插入对接接头另一端并压卷接头以固定导线
● 拉动导线，确定它们已被固定紧
● 对于非绝缘型对接接头来说，需要用塑料胶带或热收缩管将连接部分密封以防尘防潮

图 3.118　对接式压缩接头的安装

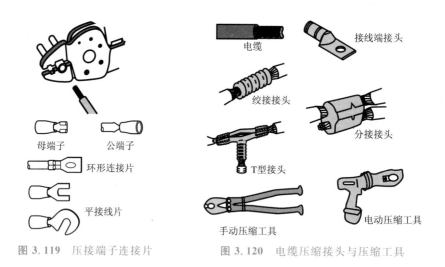

图 3.119　压接端子连接片

图 3.120　电缆压缩接头与压缩工具

　　一些常用的卷曲构型如图 3.121 所示。从 10A WG 到 22A WG 的接头通常使用手动压缩工具进行操作，而对于直径更大的导线接头，就需要使用液压工具进行操作。液压模型卷边机针对不同型号与款式（AL 或 CU）的接头，选择与其对应的独立的卷边构型插入套件（模具）和卷边机头部压接。无模的卷边机是一类不需要模具的液压卷边工具。在处理铝制电缆

时需要特别注意,当一些纯铝化合物经过钢丝刷子清理后,需要再用一种经过认证的化合物(通常称为抗氧化物)处理,这可减缓导线-接头接触面的氧化。大部分铝制压缩接头都会配合一些接合剂一同使用以达到更紧密的结合效果。

圆周形　　　六角形　　　锯齿状　　　斜线对角形　　　Versa压接边

图 3.121　压缩端子接线片和卷曲构型

机械螺丝式电缆接头的设计用于固定导线的每一股线,而不会毁坏其他股;将导线每股压入不会松动的固体组合中,从而牢固地扣紧电缆;阻止接头与电缆之间发生电解。

一些机械螺丝式端子接线片接头的安装如图 3.122 所示。机械接头的电缆箝位元件不但提供了机械张力,还为连接提供了电流通路。使用制造商指定的转矩扳手可以为操作提供恰当的夹紧力。如果在操作中提供扭矩不足,会导致连接电阻过大而产生过多热量,从而无法传输所需要的电流。而如果扭矩过大,则会将电缆中的导线弄断或者毁坏接口端。

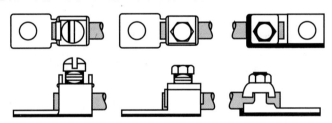

图 3.122　机械螺丝式端子接线片接头

开尾螺栓接头可将两个导线紧紧地夹在一起(图 3.123)。这种接头可以实现机械连接与电连接,同时适用于大部分规格的导线。根据设计与材料的不同,大部分开尾螺栓接头可用来连接铜线与铜线、铜线与铝线,或铝线与铝线的连接。每个接头上都标有适合其连接的导线类型。通常开尾接头只能用于连接两根导线。连接后的导线绝缘一般是使用塑料防电带来遮盖。

氧化、裂隙及腐蚀状况是影响压缩接头工作的三个重要因素。这三种问题很少出现在铜制导线的连接中,而在铝制导线的连接中比较严重。氧化作用是指导线暴露在空气中时,它的表面发生氧化作用从而产生一层氧化膜。这层氧化膜就如同一层绝缘物质会增加连接电阻。想要得到理想的连接状态必须分解导线外部的氧化层。只要没有被严重氧化,铜制导线的氧化层很容易被分解,只要不是严重氧化,无须进行去除氧化处理。另一方面,铝的氧化情况十分严重,只要将铝暴露在空气中,就会在其表面迅速产生一层高阻氧化膜。经过几个小时,铝表面的氧化层就将变得很厚并且坚韧,如果不进行去除氧化处理,这层氧化膜就会妨碍低电阻连接。由于氧化层是透明的,因此洁净的表面往往对清理工作产生误导。清除铝氧化层时,需要用钢丝刷或砂纸清理氧化表面,然后迅速用抗氧化剂处理以防止洁净表面再次生成氧化层。经过这样处理的导线就可以防止氧化的再次产生。

　　裂隙是指材料在一定持续压力下发生的缓慢阶段性变形。裂隙使接头内导线的形状发生改变,从而导致连接松动或游离。裂隙的程度与金属的类型和强度有关,合金的裂隙程度比纯金属的要低,强度大的金属裂隙程度比强度小的金属变形程度低。铜制导线的裂隙程度比铝制导线的裂隙程度要低。因此,在连接铜制导线时一般不需要着重考虑裂隙问题。在连接中加大接触压力可以减小连接电阻。铜导线产生裂隙所需的压力比铝导线要大几倍,所以铝的连接接触面积应该比铜的接触面积大。这就解释了为什么铝接头的表面积通常比大多数铜接头的表面积大。由于裂隙产生的压力松弛普遍发生在上紧后的机械接头螺栓处。然而对于一些设计良好的接头来说,并不需要再上紧一次,因为由于裂隙产生的这些松弛并不会使连接电阻产生明显的增加。圆锥盘形(贝氏)弹簧垫圈常用于铝与铜的连接中(图 3.124)。这种弹簧垫圈的优点是不会在工作中产生永久性变形。注意,贝氏垫圈的顶部要在螺帽下方。给垫圈一定的扭矩使它变平。如果螺栓是铝制的就不宜使用贝氏弹簧垫圈。

图 3.123　开尾螺栓接头

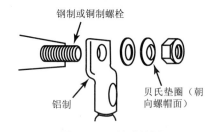

钢制或铜制螺栓

铝制

贝氏垫圈(朝向螺帽面)

图 3.124　贝氏垫圈

　　腐蚀现象是由于金属与湿气或大气中的其他物质发生电解反应而使金属损坏、变质的现象。如果导线和接头是由铜或抗腐蚀性铜合金制成,那么腐蚀不是大问题。然而对于两个性质不同的金属相结合如铜跟铝,腐蚀问题就要引起足够的重视。如果可以解决潮湿问题,腐蚀就不再是影响接头效果的因素之一。设计用来连接铜导线与铝导线优良的铝制接头,都会为两种导线之间提供一定的间距,以防止出现电解反应。通常压缩接头比机械接头有更好的抗腐蚀性,由于压缩接头没有侧口,并且在操作中提供一定的压力后可以有效地将接触面与潮湿隔离。

槽形接头

转接器配件

图 3.125　连接套管

　　当仪器的端子是抽取式,并且只适用于连接铜导线时,可使用槽形接头连接铝导线。可用 AL7CU 或 AL9CU 压缩式接头做成连接套管(图 3.125)。例如,要将一个铝导线连接到一小段额定电流容量的铜导线上,然后再将这个铜导线头连接到仪器端口上。另一种选择是使用为实现这个操作特别设计的 UL 系列中的 AL/CU 转接器配件。

3.16 导线使用接线器连接

扭接式接线器不需要焊接,也不需要缠绕绝缘胶带,可用于多种电接头。由于这种设备可以很好地节省时间与劳动力,因此被广泛使用。一般的扭接式连接器包括一个绝缘帽,以及一个绕有金属弹簧的导线铁心。接线器是被拧上去的,可以把导线固定在相应的位置(图 3.126)。内部的弹簧设计充分利用了杠杆原理,极大地强化了手动操作的力度,可用于连接从第 8 号到第 18 号的标准规格导线。

扭接式接线器的内置螺纹铁心代替了一般接线器的固定夹具,用于固定导线或连接固定分支电路线与普通导线。它适用于连接额定电流容量从第 18 号到第 10AWG 型号的导线。但在一般的分支电路接线中不能采用这种连接方式。同时,扭接式接线器只能提供电气的连接和该连接的绝缘。它们不能用来连接需要一定机械力的未连接导线。因此,在规章中要求这种接线器安装在接线箱或分线盒中,接线盒中附带的导管或电缆连接器可以有效地减轻应力。

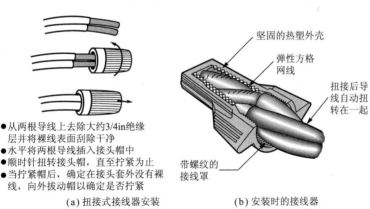

●从两根导线上去除大约3/4in绝缘层将裸线表面刮除干净
●水平将两根导线插入接头帽中
●顺时针扭转接头帽,直至拧紧为止
●当拧紧帽后,确定在接头套外没有裸线,向外拔动帽以确定是否拧紧

坚固的热塑外壳
弹性方格网线
扭接后导线自动扭转在一起
带螺纹的接线罩

(a) 扭接式接线器安装　　　　(b) 安装时的接线器

图 3.126　扭接式接线器

固定螺丝连接器是上下两件的连接器,利用固定螺丝将上下两件连接器连接起来把导线固定在相应位置(图 3.127)。这种设计使得交换导线连接变得十分简单。它们常用于商用电路与工业电路,在这些电路中由于维修的原因需要经常改变连接状态。

在任何情况下,所选择的连接器都要适合于导线的型号,才能够正确地连接导线。对于每种连接器,电气规章都要求工作人员根据制造商的安装说明进行操作,安装说明中通常包括:

- 从两根导线上去除大约3/4in绝缘层并将裸线表面刮除干净
- 从连接器上移开黄铜接头配件并松开固定螺丝
- 水平将两根导线插入接头配件中,使螺纹肩部靠近绝缘层位置
- 拧紧固定螺丝,然后将接头配件外多余的导线切除
- 将塑料螺帽在接头配件上拧紧
- 当拧紧螺帽后,确定在接头套外没有裸线,将螺帽向外拔以确定是否拧紧

图 3.127　固定螺丝连接器的安装

① 安装位置:干燥、潮湿的、湿地或者地下。

② 额定温度:75℃、90℃ 或 105℃。

③ 额定电压:根据操作的不同而不同(固定电压或者可变电压)。

④ 导线绝缘层剥除长度。

⑤ 接头与插入导线的型号。

⑥ 直接插入导线还是先绞合后再插入导线。

⑦ 提前扭曲导线。

⑧ 连接器外部扭转绝缘层的圈数,或者不扭转。

⑨ 其他的限制条件,如只能使用一次或不适用于铝制导线。

3.17　导线绝缘层的恢复

在导线修复的绝缘处理中,处理后的绝缘层要和从导线上去除的绝缘层相同。UL 规定乙烯基塑料胶带为多股缆(叠加电压至 600 V)绝缘层的首选材料。在实际操作中,从导线的绝缘层开始将乙烯基塑料胶带紧紧缠绕在整个结合处,一直缠绕至另一端的绝缘层处,如图 3.128 所示。缠绕时,每圈胶带应覆盖到上一圈胶带一半的位置,这样就可以提供双层绝缘效果。

热收缩管可以提供简便、高效的绝缘效果,并可以保护接头连接部分免受潮湿、污垢和腐蚀的危害(图 3.129)。当导线需要进行绝缘处理时,将热收缩管套入导线,并滑动至连接处。然后进行短暂的加热,这样热收缩管就可以从原来大小收缩至适合于导线结合处的大小。热收缩管典型作用包括电气绝缘、终端、插接、电缆成束、颜色代号、应变消除、线号标注、鉴定、机械保护、腐蚀保护、磨损保护以及潮湿和侵蚀保护。

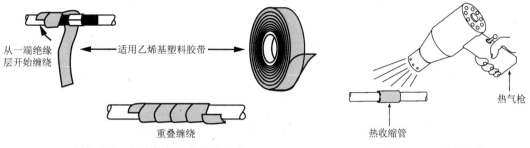

图 3.128　导线修复的绝缘带缠绕　　　　　　图 3.129　热收缩管

使用时要选择恰当型号的热收缩管。应保证管子所标注的收缩直径小于需要进行绝缘处理位置的直径,以保证安全、紧密地包覆。同时,管子提供的膨胀直径要足够通过现有的绝缘层或连接器。均匀加热套在导线上的整个管子,直至热收缩管完全收缩成符合连接处的形状。然后,迅速移开加热器,管子自然冷却后再向其施加物理应力。在对热收缩管加热时,注意不要用过高的温度加热,这样有可能损坏现有的绝缘层。

3.18　焊接接头

焊接可以定义为通过熔化某种熔点较低的合金来连接金属。在许多电气与电子维修、安装中,焊接都是一种很重要的技术。

常见的焊料由锡和铅组成,它的熔点很低。锡/铅的比例决定了焊料的强度和熔点。对于一般的电气和电子工作,推荐使用锡/铅比例为 60/40 并含有树脂芯焊剂的焊料(图 3.130)。

焊接时,准备焊接的铜表面不能有污垢或氧化层,否则焊料无法形成连接。另外,加热会加速氧化,因此留下的氧化薄层将会抵制焊料的附着。助焊剂通过将焊接表面与空气隔绝达到防止铜的表面产生氧化层的效果。酸性焊剂和树脂焊剂都可达到这个效果。酸性焊剂不能在电气工作中使用,因为它们会腐蚀铜的连接。树脂焊剂能够以膏状或以树脂芯的形式包含在焊料中。

在焊接中为焊料提供热量的常用方法是通过焊枪或者烙铁(图 3.131)。在焊接过程中,焊头表面温度必须高于焊料熔点,这样才能使焊料熔化并连接。因此,为了实现最好的效果焊枪或烙铁的铜焊头必须保持干净或镀锡。新的焊头在使用以前必须要镀锡。可以用现有的焊料镀到焊头上再擦拭干净即可。经过良好镀锡的焊头可以将最大的热量通过焊头传给需要焊接的表面。在镀锡和焊接过程中需要配戴安全眼镜给眼睛提供适当的保护。

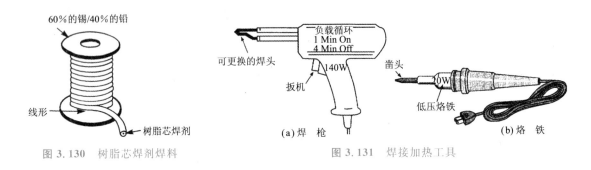

图 3.130   树脂芯焊剂焊料

图 3.131   焊接加热工具

3.19   通信电缆的连接

计算机广泛地使用电缆和连接器来连接监视器、打印机、磁盘驱动器和调制解调器。这些外围设备常以电缆连接来组成完整的计算机系统。图 3.132 所示的标准 D 型连接器是一种常用的计算机连接器。电缆可通过焊接或卷边连接至连接器上。

电缆的结构中带有一个金属屏蔽外壳用于降低电磁与无线电干扰。屏蔽同轴电缆由包裹着塑料绝缘层的实心铜制导线组成。在绝缘层外是一个辅助导体,编织铜屏蔽层。外侧有一个塑料外壳起到保护绝缘编织层作用(图 3.133)。在安装同轴电缆时,要注意不能损坏屏蔽层和内部导线间的绝缘层。如果在焊接过程中加热过度,在屏蔽层和内部导线间的绝缘层将有可能熔化而导致短路的发生。

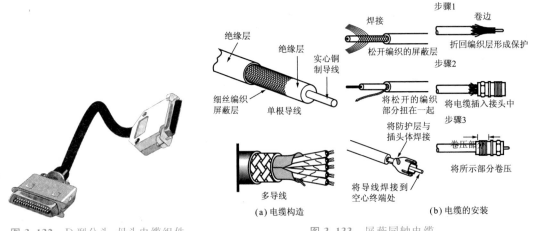

图 3.132   D 型公头、母头电缆组件

图 3.133   屏蔽同轴电缆

传统的电子通信系统通过由铜制导线发送和接收音频、视频或数据信号的电子流来工作。光导纤维是一种新的技术,它可以接收与发送光子形式的信号。它是在玻璃光纤中传送

简单的光脉冲。光纤电缆由芯线、覆层和一个保护套组成(图3.134)。光纤电缆使用一些特殊的连接器进行连接。在使用这些连接器时,光纤芯线都将得到最大程度的保护。在连接部分任何一个微小的瑕疵都将导致信号的错误。

系统的一端为一个发送器,这里是由光纤导线发出的信息所在位置。发送器接收由铜导线带来的电子编码脉冲,然后将这些脉冲处理转换为等价的光编码脉冲。接收器将光信号转换为最初的电子信号复制品。通过使用一个透镜,可将光脉冲集中在光纤媒介上,通过这个媒介光脉冲可以自己沿着导线传送。

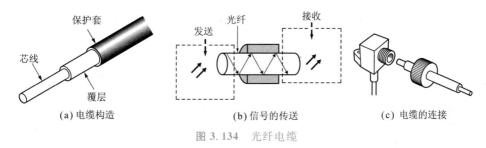

(a) 电缆构造　　　　　(b) 信号的传送　　　　　(c) 电缆的连接

图 3.134　光纤电缆

双绞线电缆(图3.135)由一个包裹着绝缘层的铜芯线组成。两根导线相互缠绕形成一组导线,然后这组导线形成一个平衡电路。每组导线中的电压振幅相同,相位相反。扭曲的导线可以避免电磁干扰(EMI)和无线电频率干扰(RFI)。一个标准电缆包含多个双绞线,每组双绞线都有其特别的颜色和其他绞线组区分。非屏蔽双绞线(UTP)用于电话网络,并常用于数据网。屏蔽双绞线(STP)电缆中每组导线上敷有箔片屏蔽以提供良好的无线电频率抗干扰性。传统的双绞线局域网使用两组双绞线,一组用于接收,另一组用于发送,但新型的千兆以太网使用四组双绞线同时进行信号的接收与发送。

图 3.135　双绞线电缆

结构化布线系统是一种综合布线和连接系统,它集成了一个建筑物内的声音、数据、影像和各种处理系统(安全警报、安全通路、能源系统等)。这个系统由一个开放式体系结构、标准媒体和配置、标准的连接接口,国家和国际标准、整体系统设计与装配构成。系统的主要部件一旦安装,就不能更改。结构化布线系统的基本部分由布线和若干接入硬件组成(图3.136)。

数据通信操作中的铜质电缆系统有几种分类。目前最常用的是类Cat-5电缆,它包括两端附带连接器的4个没有屏蔽的双绞线。Cat-5电缆支持高达100MHz的频率,速度高达1000Mbps。一种端接就是用于墙壁连接和工作站的标准穿孔部件。

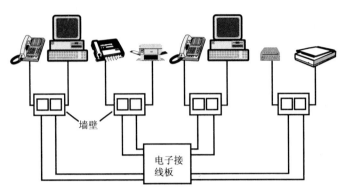

图 3.136   典型的结构化布线系统

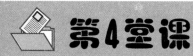

照明和室内线路

课前导读

自从电力照明走入家用以来，节能、舒适就一直是其发展的方向。近年来，随着人们生活水平的迅速提高，人们对照明控制的要求越来越高。掌握照明和室内线路的安装及维护方法，对电工技术人员来说是非常重要的。

掌握照明和室内线路的安装及维护方法，包括白炽灯、荧光灯的安装使用，开关、插座的安装使用，门铃电路，门开启电路、电话线路、报警系统等内容。

学习目标

4.1 白炽灯、荧光灯的安装使用

知识点1 白炽灯

图 4.1 所示为一个早期的白炽灯泡和灯座。电灯由一个装有很长灯丝的透明灯泡组成。灯泡内充满了低压惰性气体。灯丝连接在两个灯丝接线端上,接线端则密封于灯泡基座中。另外还有一根细铁丝用来支撑灯丝。

制作一个如图 4.2 所示的简单的白炽灯泡,是一件非常简单的事情。将一根极细的钨丝连接在两个接线端上作为灯丝,将其放入一个试管中,然后将试管中充满氩气。最后用一个高温软木塞塞紧试管的底部。利用一个可调电源给灯泡供电,慢慢提高电压直到灯丝发光。当灯泡达到最大工作温度时,软木塞就已经塞得非常紧了,密封住了惰性气体。

图 4.3 示出一个装有螺旋灯头的白炽灯泡。灯丝由盘绕的钨丝制成,同样在充满惰性气体的环境下工作。惰性气体通常采用 80％大气压的氩气。采用这样的气压是因为在额定的工作温度下,灯泡内部气压会升高并达到大气压力。现在的灯泡内部通常会覆盖一层白色的散射物,使得光线更加柔和,散射效果更佳。

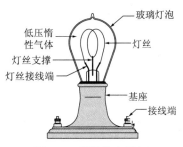

图 4.1 早期的白炽灯

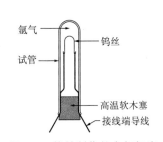

图 4.2 简易制作的白炽灯泡

图 4.3 装有螺旋灯头的白炽灯泡

知识点2 白炽灯的常用控制电路

1. 一只开关控制一盏灯电路

路如图 4.4 所示,这是一种最基本、最常用的照明灯控制电路。开关 S 应串接在 220V 电源相线上,如果使用的是螺口灯头,相线应接在灯头中心接点上。开关可以使用拉线开关、扳把开关或跷板式开关等单极开关。开关以及灯头的功率不能小于所安装灯泡的额定功率。

为了便于夜间开灯时寻找到开关位置,可以采用有发光指示的开关来控制照明灯,电路如图4.5所示。当开关S打开时,220V交流电经电阻R降压限流加到发光二极管LED两端,使LED通电发光。此时流经电灯EL的电流甚微,约2mA左右,可以认为不消耗电能,电灯也不会点亮。合上开关S,电灯EL可正常发光,此时LED熄灭。若打开S,LED不发光,如果不是灯泡EL灯丝烧断,那就是电网断电了。

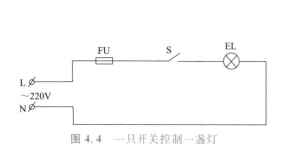

图 4.4　一只开关控制一盏灯

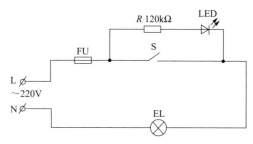

图 4.5　白炽灯采用有发光指示的开关电路

2. 一只开关控制三盏灯(或多盏灯)电路

电路如图4.6(a)所示,安装接线时,要注意所连接的所有灯泡的总电流,应小于开关允许通过的额定电流值。为了避免布线中途的导线接头,减少故障点,可将接头安排在灯座中,电路如图4.6(b)所示。

3. 两只开关在两地控制一盏灯电路

电路如图4.7(a)所示,这种方式用于需两地控制时,如楼梯上使用的照明灯,要求在楼上、楼下都能控制其亮灭。安装时,需要使用两根导线把两只单刀双掷开关连接起来。

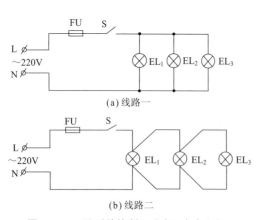

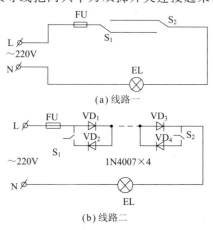

图 4.6　一只开关控制三盏灯(或多盏灯)

图 4.7　两只开关在两地控制一盏灯

另一种线路[图 4.7(b)]可在两开关之间节省一根导线,同样能达到两只开关控制一盏灯的效果。这种方法适用于两只开关相距较远的场所,缺点是由于线路中串接了整流管,灯泡的亮度会降低些,一般可应用于亮度要求不高的场合。二极管 $VD_1 \sim VD_4$ 一般可用 1N4007,如果所用灯泡功率超过 200W,则应用 1N5407 等整流电流更大的二极管。

4. 三地控制一只灯电路

由两只单刀双掷开关和一只双刀双掷开关可以实现三地控制一只灯的目的,电路如图 4.8 所示。图中 S_1、S_3 为单刀双掷开关,S_2 为双刀双掷开关。不难看出,无论电路初始状态如何,只要扳动任意一只开关,负载 EL 将由断电状态变为通电状态或者相反。

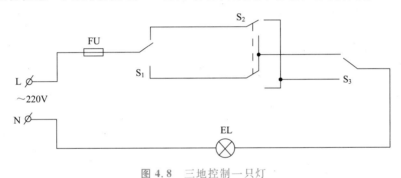

图 4.8 三地控制一只灯

5. 五层楼单元照明灯控制电路

电路如图 4.9 所示,$S_1 \sim S_5$ 分别装在单元一至五层楼的楼梯内,灯泡分别装在各楼层的走廊里。S_1、S_5 为单极双联开关,$S_2 \sim S_4$ 为双极双联开关。这样在任意楼层都可控制单元走廊的照明灯。例如上楼时开灯,到五楼再关灯,或从四楼下楼时开灯,到一楼再关灯。

6. 自动延时关灯电路

用时间继电器可以控制照明灯自动延时关灯。该方法简单易行,使用方便,能有效地避免长明灯现象,电路如图 4.10 所示。

$SB_1 \sim SB_4$ 和 $EL_1 \sim EL_4$ 是设置在四处的开关和灯泡(例如,在四层楼的每一层设置一个灯泡和一个开关)。当按下 $SB_1 \sim SB_4$ 开关中的任意一只时,失电延时时间继电器 KT 得电后,其常开触点闭合,使 $EL_1 \sim EL_4$ 均点亮。当手离开所按开关后,时间继电器 KT 的接点并不立即断开,而是延时一定时间后才断开。在延时时间内灯泡 $EL_1 \sim EL_4$ 继续亮着,直至延时结束接点断开才同时熄灭。延时时间可通过时间继电器上的调节装置进行调节。

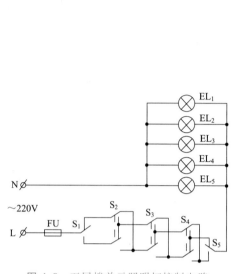

图 4.9　五层楼单元照明灯控制电路

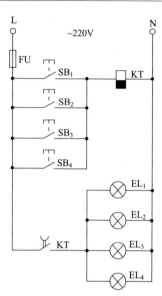

图 4.10　自动延时关灯电路

知识点3　荧光灯

荧光灯与白炽灯一样被广泛使用。它在单位功率下可以产生更高的光效,更加适合于大多数办公室和商业场所。图 4.11 示出一种典型的荧光灯管。

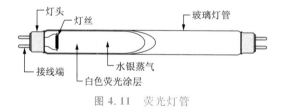

图 4.11　荧光灯管

这种灯管很长,在每端都有一组灯丝,灯管中充满氩气或汞蒸气。灯管内部的表面上附有一层白色的荧光材料。灯管开始工作时,电流经过灯丝产生很强的电子束和热量。在灯管温度升高以后,电压击穿灯管的两极,灯管内部的气体分子受到激发产生紫外线。紫外线再次激发管壁上的荧光物质就产生了可见光。

图 4.12 所示为一个简单的荧光灯启动电路。按下启动开关使得灯丝发热,待灯管加热后,开关松开改变电源导路方向,灯丝上的电压将击穿灯管内的气体,并最终使得气体发光。要关闭荧光灯只需断开电源。

如果需要自动启动一个荧光灯管,通常可以使用一个启辉器,如图 4.13 所示。启辉器是一个内部充满氖气的管子,管子内部有两个触头,其中一个是固定的,另外一个触头是由一种双金属材料合成的金属丝。

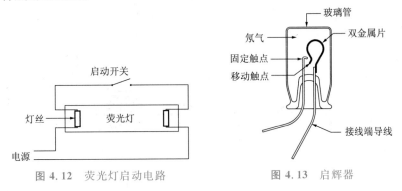

图 4.12　荧光灯启动电路　　　　　　图 4.13　启辉器

　　图 4.14 所示为有启辉器的荧光灯启动电路。当电源接通时,启辉器产生电弧使得双金属材料受热。随复合金属丝温度升高,金属丝产生变形,并最终与固定金属丝接触,为灯丝提供了导电回路。金属丝接触后,电弧消失,复合金属丝冷却后与固定金属丝断开连接,灯丝之间的电源导路断开,灯管发光。灯管电路将吸收大多数的电源电流,足以阻止启辉器再次发光。这种启辉器电路最重要的优点之一就是如果出现瞬时的电源断电,那么灯管还可以自动启动。

　　因为荧光灯管工作时的电阻很小,所以有必要在电路中加入一个镇流器,如图 4.14 所示。镇流器的一个主要作用是在启动器触点打开时提供一个瞬时高压,同时又可以限制电灯工作电流。图 4.15 所示为典型的荧光灯镇流器。

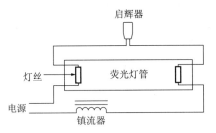

图 4.14　有镇流器的荧光灯启动电路　　　　图 4.15　荧光灯镇流器

知识点4　与白炽灯、荧光灯相关的灯头、灯座

1. 标准灯头

　　每一种灯泡都有许多种标准灯头可供选择。一般情况下,常识会帮助我们作出选择。比如,在许多手持照明设施选用中等螺旋灯头,而交通工具上多选用三脚式灯头。

图 4.16 所示为常用白炽灯的标准螺口灯头。中号灯头是最常用的一种灯头,灯泡功率从 25～150W,而小型和烛台型灯头多用在装饰灯饰上。迷你型灯头可以用在闪光灯、指示灯及搭建积木中。中等裙边式灯头一般用在户外照明设施中,如泛光照明。次大型灯头多用在功率较高的灯和水银灯上。大号灯头用于工业和大功率设备上。

迷你型　　烛台型　　偏小型　　中　等　　中等裙边式　　偏大型　　大　型

图 4.16　标准螺口灯头

卡口灯头经常用在汽车和仪器设备中。图 4.17 所示为双触点和单触点灯头。双触点灯头通常用于双灯丝灯泡中,如汽车尾灯。其中一个灯丝在行驶中点亮,而另外一个更亮的则在制动时点亮。

带法兰灯头的灯泡如图 4.18 所示,是闪光灯和指示灯中经常用到的类型。灯泡采用螺纹接头固定在灯头中。

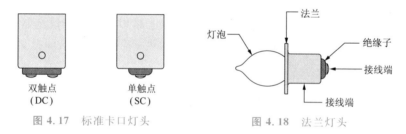

双触点　　　　单触点
（DC）　　　　（SC）

图 4.17　标准卡口灯头　　　　　**图 4.18　法兰灯头**

双插头灯头如图 4.19 所示,经常使用在高强度灯泡上,比如卤素灯上。这种灯头多用于放映机和音像设备中。

带有凹槽灯头的灯泡,一般用在需要很小的白炽灯泡的工作场合。这些灯泡可以塞入采用弹簧卡紧的插口中。图 4.20 所示为典型的带有凹槽的灯泡。

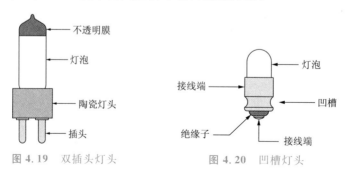

图 4.19　双插头灯头　　　　　**图 4.20　凹槽灯头**

密封梁式灯头多用于汽车、建筑设备和船舶中,通常采用图 4.21 所示的 4 种基本结构之一。其中两脚的和三脚的通常用于标准接头。扁平接线片则使用在标准弯曲接头上,螺栓接头则应用于连接剥皮电线或螺纹连接片。

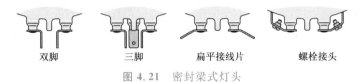

双脚　　　三脚　　　扁平接线片　　　螺栓接头

图 4.21　密封梁式灯头

荧光灯管通常使用中型双脚或单脚灯头,如图 4.22 所示。隐藏双触点式是比较典型的工业应用类型,而迷你双插头灯头则使用在小型设备和仪器中。

中型双插头式　　　隐藏双触点式

单插头式　　　迷你双插头式

图 4.22　荧光灯管

2. 灯泡座

图 4.23 所示为一些商用的灯泡座。灯座通常包含多种功率、材料、开关和固定方式。图中还有可将烛台型灯泡安装于中型灯座的转接螺旋插座。

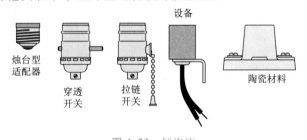

设备

烛台型
适配器　　　穿透　　　拉链　　　　　　陶瓷材料
　　　　　　开关　　　开关

图 4.23　灯泡座

卡口灯座通常有焊片式、弯脚安装式和塑料法兰式。焊片式灯座能够支撑连接有导线的灯泡。这类应用中一种更好的选择就是弯脚安装式灯座。灯座可以用螺栓螺母或空心铆钉安装。图 4.24 所示为三种典型的卡口灯座。

焊片式　　　弯脚　　　塑料法兰式
　　　　　　安装式

图 4.24　卡口灯座

面板安装型灯座,如图 4.25 所示,通常用在工业设备中。图中所示为面板安装型灯座的两个例子,左边的适用于卡口和螺口灯头,右边的则适用于法兰灯头。

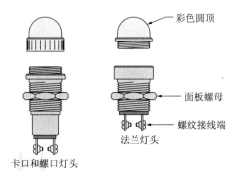

彩色圆顶

面板螺母

螺纹接线端

法兰灯头

卡口和螺口灯头

图 4.25　卡口灯座

3. 灯泡形状

可供选择的灯泡形状有很多种,图 4.26 所示为一些常见的标准白炽灯泡。类型字母指明了典型形状,通常类型字母后会跟随一个数字,数字表示灯泡的直径,灯泡直径以 1/8in 为一个增量等级。举一个例子,G25 号就是一个球形灯泡,直径为 25 乘以 0.125in 或 $3\frac{1}{8}$in。

A10 号就是一个圆柱形灯泡,直径为 $1\frac{1}{4}$in。

A型　　PS型　　B型　　S型　　G型　　T型　　C型

图 4.26　标准的灯泡形状

泛光灯和聚光灯与标准白炽灯一样,也有它们自己的标志。图 4.27 所示为一些经常可以见到的泛光灯和聚光灯。

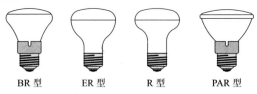

BR 型　　ER 型　　R 型　　PAR 型

图 4.27　标准的泛光灯和聚光灯

图 4.28 所示为水银蒸汽灯和高压钠灯的灯泡形状和标志。值得注意的是,这些灯泡通常只会安装在次大型或大型灯头中。

如今,随处可见采用螺纹灯头的紧凑型荧光灯泡,如图 4.29 所示。这些灯泡和同类的白炽灯相比效率更高,因而得到广泛应用。

BT 型   E 型   ET 型   ED 型   三重U形管   四重灯管   麻花灯管   圆形灯管

图 4.28 标准高压放电灯泡形状   图 4.29 螺纹灯头荧光灯管

灯泡通常都有内置的反射装置,可分为不同的两类:散射和聚光。泛光灯通常在灯丝后面有一个反射面,将灯丝产生的光向前反射。而灯的镜片充当一个散射体,镜片一般为磨砂型或由一系列散射镜片组成,如图 4.30 所示。

聚光灯有一个抛物面形反射镜,其作用是将焦点上的点光源反射成为强光束。这种聚光灯可以是一个完整的灯泡;但是,经常会看见它采用如图 4.31 所示的组装式结构。在这种场合,反射镜设计成在其焦点处可以安装一个高强度卤素灯泡的形式。装配时将一个散光屏蔽罩固定在平面镜片的中央。平面镜片的作用是防止尘土进入反光镜。

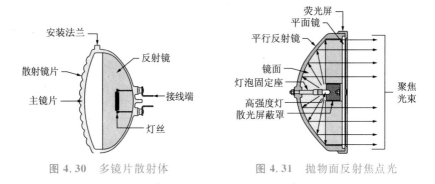

图 4.30 多镜片散射体   图 4.31 抛物面反射焦点光

知识点5 白炽灯的安装方法

1. 悬吊式照明灯的安装

① 圆木(木台)的安装。先在准备安装挂线盒的地方打孔,预埋木榫或膨胀螺栓。然后

对圆木进行加工,在圆木中间钻 3 个小孔,孔的大小应根据导线的截面积选择。如果是护套线明配线,应在圆木底面正对护套线的一面用电工刀刻两条槽,将两根导线嵌入圆木槽内,并将两根电源线端头分别从两个小孔中穿出。最后用木螺钉通过中间小孔将圆木固定在木榫上,如图4.32所示。

　　② 挂线盒的安装。塑料挂线盒的安装过程是先将电源线从挂线盒底座中穿出,用螺丝将挂线盒紧固在圆木上,如图4.33(a)所示。然后将伸出挂线盒底座的线头剥去 20mm 左右绝缘层,弯成接线圈后,分别压接在挂线盒的两个接线桩上。再按灯具的安装高度要求,取一段花线或塑料绞线作挂线盒与灯头之间的连接线,上端接挂线盒内的接线桩,下端接灯头接线桩。为了不使接头处承受灯具重力,吊灯电源线在进入挂线盒盖后,在离接线端头 50mm 处打一个结(电工扣),如图 4.33(b)所示。这个结正好卡在挂线盒孔里,承受着部分悬吊灯具的重量。

　　③ 灯座的安装。首先把螺口灯座的胶木盖子卸下,将软吊灯线下端穿过灯座盖孔,在离导线下端约 30mm 处打一电工扣,然后把去除绝缘层的两根导线下端的芯线分别压接在灯座两个接线端子上,如图 4.34 所示,最后旋上灯座盖。如果是螺口灯座,火线应接在跟中心铜片相连的接线桩上,零线接在与螺口相连的接线桩上。

2. 矮脚式电灯的安装

矮脚式电灯一般由灯头、灯罩、灯泡等组成,分卡口式的和螺旋口式的两种。

　　① 卡口矮脚式灯头的安装。卡口矮脚式灯头的安装方法和步骤如图 4.35 所示。

第 1 步,在准备装卡口矮脚式灯头的地方居中塞上木枕。

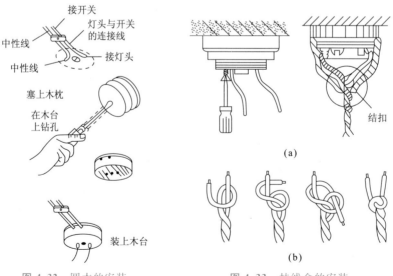

图 4.32　圆木的安装　　　　图 4.33　挂线盒的安装

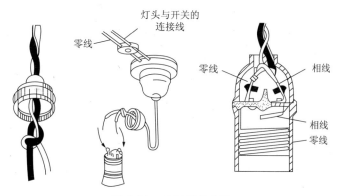

图 4.34 吊灯座的安装

第 2 步,对准灯头上的穿线孔的位置,在木台上钻两个穿线孔和一个螺丝孔。

第 3 步,把中性线线头和灯头与开关连接线的线头对准位置穿入木台的两个孔里,用螺丝把木台连同底板一起钉在木枕上。

第 4 步,把两个线头分别接到灯头的两个接线桩头上。

第 5 步,用三枚螺丝把灯头底座装在木台上。

第 6 步,装上灯罩和灯泡。

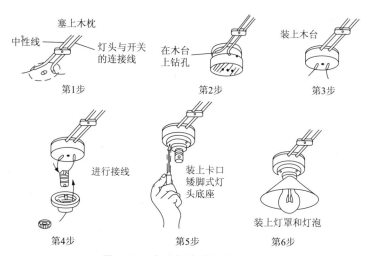

图 4.35 卡口矮脚式灯头的安装

② 螺旋口矮脚式电灯的安装。螺旋口矮脚式电灯的安装方法除了接线以外,其余与卡口矮脚式电灯的安装方法几乎完全相同,如图 4.36 所示。螺旋口式灯头接线时应注意,中性线要接到跟螺旋套相连的接线桩上,灯头与开关的连接线(实际上是通过开关的相线)要接到跟中心铜片相连的接线桩头上,千万不可接反,否则在装卸灯泡时容易发生触电事故。

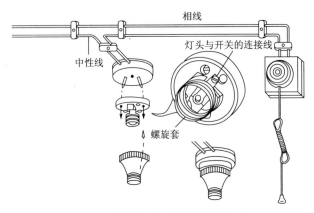

图 4.36   螺旋口矮脚式电灯的安装

3. 吸顶灯的安装

吸顶灯与屋顶天花板的结合可采用过渡板安装法或直接用底盘安装法。

① 过渡板安装法。首先用膨胀螺栓将过渡板固定在顶棚预定位置。将底盘元件安装完毕后,再将电源线由引线孔穿出,然后托着底盘找过渡板上的安装螺栓,上好螺母。因不便观察而不易对准位置时,可用一根铁丝穿过底盘安装孔,顶在螺栓端部,使底盘慢慢靠近,沿铁丝顺利对准螺栓并安装到位,如图 4.37 所示。

② 直接用底盘安装。安装时用木螺钉直接将吸顶灯的底座固定在预先埋好在天花板内的木砖上,如图 4.38 所示。当灯座直径大于 100mm 时,需要用 2~3 只木螺钉固定灯座。

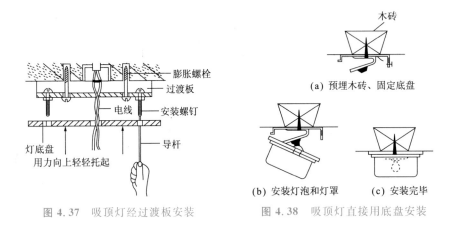

图 4.37   吸顶灯经过渡板安装   图 4.38   吸顶灯直接用底盘安装

4. 壁灯的安装

壁灯安装在砖墙上时,应在砌墙时预埋木砖(禁止用木楔代替木砖)或金属构件。壁灯下沿距地面的高度为 1.8~2m,室内四面的壁灯安装高度可以不相同,但同一墙面上的壁灯高度应一致。壁灯为明线敷设时,可将塑料圆台或木台固定在木砖或金属构件上,然后再将灯具基座固定在木台上,如图 4.39(a)所示。壁灯为暗线敷设时,可用膨胀螺栓直接将灯具基座固定在墙内的塑料胀管中,如图 4.39(b)所示。壁灯装在柱子上时,可直接将灯具基座安装在柱子上预埋的金属构件上或用抱箍固定的金属构件上,如图 4.39(c)所示。

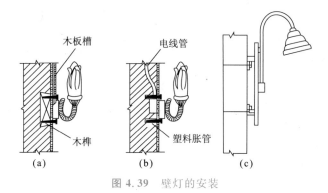

图 4.39 壁灯的安装

 知识点6 白炽灯的常见故障及检修方法

白炽灯的常见故障及检修方法见表 4.1。

表 4.1 白炽灯的常见故障及检修方法

故障现象	产生原因	检修方法
灯泡不亮	• 灯丝烧断 • 电源熔丝烧断 • 开关接线松动或接触不良 • 线路中有断路故障 • 灯座内接触点与灯泡接触不良	• 更换新灯泡 • 检查熔丝烧断的原因并更换熔丝 • 检查开关的接线处并修复 • 检查电路的断路处并修复 • 去掉灯泡,修理弹簧触点,使其有弹性
开关合上后熔丝立即熔断	• 灯座内两线头短路 • 螺口灯座内中心铜片与螺旋铜圈相碰短路 • 线路或其他电器短路 • 用电量超过熔丝容量	• 检查灯座内两接线头并修复 • 检查灯座并扳准中心铜片 • 检查导线绝缘是否老化或损坏,检查同一电路中其他电器是否短路,并修复 • 减小负载或更换大一级的熔丝
灯泡发强烈白光,瞬时烧坏	• 灯泡灯丝搭丝造成电流过大 • 灯泡的额定电压低于电源电压 • 电源电压过高	• 更换新灯泡 • 更换与线路电压一致的灯泡 • 查找电压过高的原因并修复

续表 4.1

故障现象	产生原因	检修方法
灯光暗淡	• 灯泡内钨丝蒸发后积聚在玻壳内表面使玻壳发乌,透光度减低;同时灯丝蒸发后变细,电阻增大,电流减小,光通量减小 • 电源电压过低 • 线路绝缘不良有漏电现象,致使灯泡所得电压过低 • 灯泡外部积垢或积灰	• 正常现象,不必修理,必要时可更换新灯泡 • 调整电源电压 • 检修线路,更换导线 • 擦去灰垢
灯泡忽明忽暗或忽亮忽灭	• 电源电压忽高忽低 • 附近有大电动机启动 • 灯泡灯丝已断,断口处相距很近,灯丝晃动后忽接忽离 • 灯座、开关接线松动 • 保险丝接头处接触不良	• 检查电源电压 • 待电动机启动过后会好转 • 及时更换新灯泡 • 检查灯座和开关并修复 • 紧固保险丝

 知识点7 荧光灯的安装方法

荧光灯的安装方法如下:

① 准备灯架。根据荧光灯管的长度,购置或制作与之配套的灯架。

② 组装灯具。荧光灯灯具的组装,就是将镇流器、启辉器、灯座和灯管安装在铁制或木制灯架上。组装时必须注意,镇流器应与电源电压、灯管功率相配套,不可随意选用。由于镇

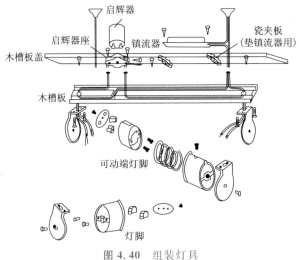

图 4.40　组装灯具

流器比较重,又是发热体,应将其扣装在灯架中间或在镇流器上安装隔热装置。启辉器规格应根据灯管功率来确定。启辉器宜装在灯架上便于维修和更换的地点。两灯座之间的距离应准确,防止因灯脚松动而造成灯管掉落。灯具的组装如图 4.40 所示。

③ 固定灯架。固定灯架的方式有吸顶式和悬吊式两种。悬吊式又分金属链条悬吊和钢管悬吊两种。安装前先在设计的固定点打孔预埋合适的固定件,然后将灯架固定在固定件上。

④ 组装接线。启辉器座上的两个接线端分别与两个灯座中的一个接线端连接,余下的接线端,其中一个与电源的中性线相连,另一个与镇流器的一个出线头连接。镇流器的另一个出线头与开关的一个接线端连接,而开关的另一个接线端则与电源中的一根相线相连。与镇流器连接的导线既可通过瓷接线柱连接,也可直接连接,但要恢复绝缘层。接线完毕,要对照电路图仔细检查,以免错接或漏接,如图 4.41 所示。

⑤ 安装灯管。安装灯管时,对插入式灯座,先将灯管一端灯脚插入带弹簧的一个灯座,稍用力使弹簧灯座活动部分向外退出一小段距离,另一端趁势插入不带弹簧的灯座。对开启式灯座,先将灯管两端灯脚同时卡入灯座的开缝中,再用手握住灯管两端头旋转约 1/4 圈,灯管的两个引出脚即被弹簧片卡紧,使电路接通,如图 4.42 所示。

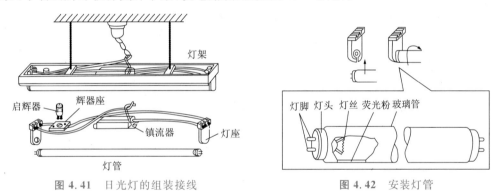

图 4.41　日光灯的组装接线　　　　图 4.42　安装灯管

⑥ 安装启辉器。最后把启辉器安放在启辉器底座上,如图 4.43 所示。开关、熔断器等按白炽灯安装方法进行接线。检查无误后,即可通电试用。

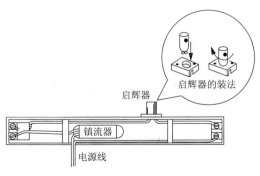

图 4.43　安装启辉器

知识点8 荧光灯的常见故障及检修方法

荧光灯的常见故障及检修方法见表4.2。

表 4.2 荧光灯的常见故障及检修方法

故障现象	产生原因	检修方法
荧光灯管不能发光或发光困难	• 电源电压过低或电源线路较长造成电压降过大 • 镇流器与灯管规格不配套或镇流器内部断路 • 灯管灯丝断丝或灯管漏气 • 启辉器陈旧损坏或内部电容器短路 • 新装荧光灯接线错误 • 灯管与灯脚或启辉器与启辉器座接触不良 • 气温太低难以启辉	• 有条件时调整电源电压,线路较长应加粗导线 • 更换与灯管配套的镇流器 • 更换新荧光灯管 • 用万用表检查启辉器里的电容器是否短路,如有应更换新启辉器 • 断开电源及时更正错误线路 • 一般荧光灯灯脚与灯管接触处最容易接触不良,应检查修复。另外,用手重新装调启辉器与启辉器座,使之良好配接 • 进行灯管加热、加罩或换用低温灯管
荧光灯灯光抖动及灯管两头发光	• 荧光灯接线有误或灯脚与灯管接触不良 • 电源电压太低或线路太长,导线太细,导致电压降太大 • 启辉器本身短路或启辉器座两接触点短路 • 镇流器与灯管不配套或内部接触不良 • 灯丝上电子发射物质耗尽,放电作用降低 • 气温较低,难以启辉	• 更正错误线路或修理加固灯脚接触点 • 检查线路及电源电压,有条件时调整电压或加粗导线截面积 • 更换启辉器,修复启辉器座的触片位置或更换启辉器座 • 配换适当的镇流器,加固接线 • 换新荧光灯灯管 • 进行灯管加热或加罩处理
灯光闪烁或光有滚动	• 更换新灯管后出现的暂时现象 • 单根灯管常见现象 • 荧光灯启辉器质量不佳或损坏 • 镇流器与荧光灯不配套或有接触不良处	• 一般使用一段时间后即可好转,有时将灯管两端对调一下即可正常 • 有条件可改用双灯管解决 • 换新启辉器 • 调换与荧光灯管配套的镇流器或检查接线有无松动,进行加固处理
荧光灯在关闭开关后,夜晚有时会有微弱亮光	• 线路潮湿,开关有漏电现象 • 开关不是接在火线上而错接在零线上	• 进行烘干或绝缘处理,开关漏电严重时应更换新开关 • 把开关接在火线上

续表 4.2

故障现象	产生原因	检修方法
荧光灯管两头发黑或产生黑斑	• 电源电压过高 • 启辉器质量不好,接线不牢,引起长时间的闪烁 • 镇流器与荧光灯管不配套 • 灯管内水银凝结(是细灯管常见的现象) • 启辉器短路,使新灯管阴极发射物质加速蒸发而老化,更换新启辉器后,亦有此现象 • 灯管使用时间过长,老化陈旧	• 处理电压升高的故障 • 换新启辉器 • 更换与荧光灯管配套的镇流器 • 启动后即能蒸发,也可将灯管旋转 180° 后再使用 • 更换新的启辉器和新的灯管 • 更换新灯管
荧光灯亮度降低	• 温度太低或冷风直吹灯管 • 灯管老化陈旧 • 线路电压太低或压降太大 • 灯管上积垢太多	• 加防护罩并回避冷风直吹 • 严重时更换新灯管 • 检查线路电压太低的原因,有条件时调整线路或加粗导线截面使电压升高 • 断电后清除灯管并做烘干处理
噪声太大或对无线电干扰	• 镇流器质量较差或铁心硅钢片未夹紧 • 电路上的电压过高,引起镇流器发出声音 • 启辉器质量较差引起启辉时出现杂声 • 镇流器过载或内部有短路处 • 启辉器电容器失效开路,或电路中某处接触不良 • 电视机或收音机与日光灯距离太近引起干扰	• 更换新的配套镇流器或紧固硅钢片铁心 • 如电压过高,要找出原因,设法降低线路电压 • 更换新启辉器 • 检查镇流器过载原因(如是否与灯管配套,电压是否过高,气温是否过高,有无短路现象等),并处理;镇流器短路时应换新镇流器 • 更换启辉器或在电路上加装电容器或在进线上加滤波器来解决 • 电视机、收音机与日光灯的距离要尽可能离远些
荧光灯管寿命太短或瞬间烧坏	• 镇流器与荧光灯管不配套 • 镇流器质量差或镇流器自身有短路致使加到灯管上的电压过高 • 电源电压太高 • 开关次数太多或启辉器质量差引起长时间灯管闪烁 • 荧光灯管受到震动致使灯丝震断或漏气 • 新装荧光灯接线有误	• 换接与荧光灯管配套的新镇流器 • 镇流器质量差或有短路处时,要及时更换新镇流器 • 电压过高时找出原因,加以处理 • 尽可能减少开关荧光灯的次数,或更换新的启辉器 • 改善安装位置,避免强烈震动,然后再换新灯管 • 更正线路接错之处
荧光灯的镇流器过热	• 气温太高,灯架内温度过高 • 电源电压过高 • 镇流器质量差,线圈内部匝间短路或接线不牢 • 灯管闪烁时间过长 • 新装荧光灯接线有误 • 镇流器与荧光灯管不配套	• 保持通风,改善日光灯环境温度 • 检查电源 • 旋紧接线端子,必要时更换新镇流器 • 检查闪烁原因,灯管与灯脚接触不良时要加固处理,启辉器质量差要更换,日光灯管质量差引起闪烁,严重时也需更换 • 对照荧光灯线路图,进行更改 • 更换与荧光灯管配套的镇流器

4.2　开关、插座的安装使用

　接线盒、插座和灯座

电力出线盒要安装在电缆和导管之间,位于开关、瓷灯座、插座或线结安装的地方,它有以下 4 个用途。

① 减少火灾。

② 包含所有的电力连接。

③ 支持接线装置。

④ 提供接地连续性。

针对不同的应用应该使用不同形状和规格的出线盒,如图 4.44 所示。NEC 要求在接地时要使用钢盒。UL 要求钢盒中有一个带螺纹的接地螺孔。普通类型包括:

① 八角形盒。用于支持电灯夹紧装置,或者作为连接不同电缆的分解导线的接入点。

② 设备盒,也叫开关盒。用于家庭开关或插座。

③ 方盒。用于家用电炉、烘干机插座,还可以作为表面的和隐藏的线路系统的接线盒。

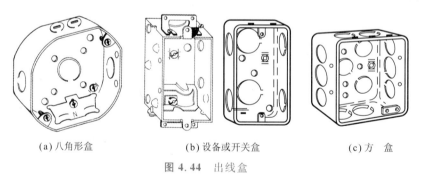

(a) 八角形盒　　　　　　(b) 设备或开关盒　　　　　　(c) 方　盒

图 4.44　出线盒

敲落孔提供了一种进入接线盒的方法,从而可以连接电缆或导管接头。敲落孔是一个部分穿洞的孔,使劲一推就可以推开。在一些盒子中常使用撬式敲落孔。这种类型的敲落孔上有一个小槽,用螺丝起子可以把小槽撬开。如果敲落孔被撬开了,电缆或连接导管就可以占据这个空间。如果敲落孔被无意撬开后,必须用密封垫圈封住缺口。金属面的开关盒面很容易拆除从而将一系列盒子组合起来,如图 4.45 所示。这种特性使我们能够很快地组装一个盒子从而能支持任何数量的开关或插座。

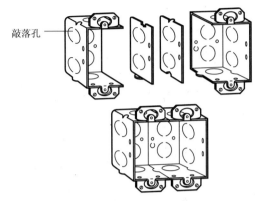

敲落孔

图 4.45　组合出线盒

在电气规程中对于安装的盒子有以下要求：

① 盒子安装必须安全,而且要固定在某一处。

② 所有的电力出线盒都要有外壳以起到保护作用。

③ 盒子必须足够大以确保可以装下全部内装导体和线路装置。

④ 安装的盒子要与墙面齐平。

⑤ 安装好盒子后,在不拆除任何建筑物的前提下能够对盒子内的导线进行操作。

⑥ 电缆或导管在盒子的入口处必须将电缆或者导管加以固定。

插座是给一些便携的插入式电力负载设备提供电源。图 4.46 所示为一些不同类型的插座。每种插槽排放都很独特,它们应用于不同的设备。

两插槽　　　　三插槽　　　　三插槽　　　　三插槽
15A125V　　　15A125V　　　20A125V　　　15A250V
极性插座　　　接地插座　　　接地插座　　　接地插座

图 4.46　插座的类型

① 极性双槽插座。有不同规格的插槽用于连接极性插头。

② 极性三插槽接地插座有两个不同大小的插槽和一个 U 形孔用来接地。在很多新型线路设备中都使用这种插座。

③ 20A 三插槽接地插座的特征是有一个特殊的 T 形插槽。插座通常安装在额定电流为 20A 的导体电路中,一般用于大型设备或便携式工具。

④ 250V 三插槽插座用于 250V 的负载电路中,类似大负荷的空调等设备。可以把它看

做一个单独的元件,或者认为是一个双工插座的一半,另一半用于 125V 的线路。

三线接地双工插座是最常用的插座,它可以给便携插入式设备提供电流(图 4.47)。它可以连接两个电力插头并在两个平行的插槽间提供大约 120V 的电压。接地连接可以给需要接地的电力设备提供较为安全的连接。双工插座的终端螺钉标有色码,以确保能正确地与设备连接。在电路中连接双工插座时,要遵守以下规则:

① 白色的中性线与银色端连接。

② 黑色的通电电线与黄铜端连接。

③ 裸露的接地铜导线与绿色端连接。

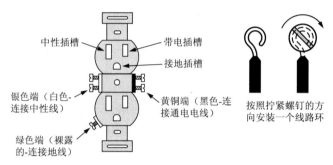

图 4.47   双工插座的连接

要判断一个插座是否被正确极化,可以用交流电压表按下面的步骤测量(图 4.48)。

① 检查插座上并列的两个插槽间的电压,读数应该为线电压。

② 检查较宽的中性插槽和金属出线盒或固定外壳的机械螺钉之间的电压,电压应该为零。

③ 检查较窄的带电插槽和电力出线盒或固定外壳的机械螺钉之间的电压,读数应该为线电压。

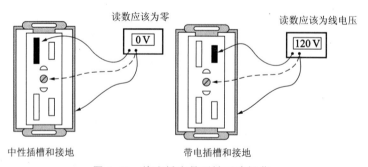

图 4.48   检查插座是否被正确极化

白炽灯都安装在瓷灯座中,或者人们常说的灯座。灯座也有各种类型。最简单的类型就是无电键灯座(图 4.49)。灯座的主体是瓷制的或胶木制的,而且两个连接端有色码标志使得与设备的连接更可靠。电气规程中要求带电的黑色导线要与黄铜螺钉端(在里面黄铜端与中心处连接)连接。白色的中性线(接地导线)要与银色的螺钉端(在里面银色端与灯座上的螺纹外壳相连)连接。这种连接可以防止用户在更换灯泡时,灯的螺纹外壳与灯座形成电连接而发生触电事故。

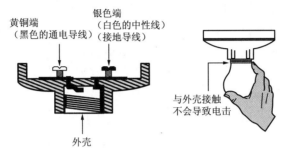

图 4.49 灯座连接

有内置开关的灯座就是电键型灯座。其中最常用的电键型灯座为拉链式灯座(图4.50)。拉链是绝缘的,可以防止在120V电路中的开关处有连接故障。在内部,开关与黄铜端串联。布线方法与无电键灯座相似,白色的中性线(接地导线)与银色的螺丝壳端连接,而带电的火线与黄铜端相连。

照明器材布线已经完成(图4.51)。免焊接头用来连接输出导线和固定导线。黑线与黑线连接、白线与白线连接。如果不能确定哪根是固定导线,沿着这根导线直到固定端,固定导线就是连接着插座的螺纹外壳的那根导线,且与白色的中性接地导线相连。

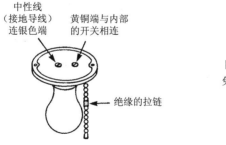

图 4.50 拉链电键型灯座

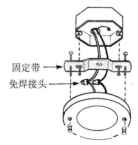

图 4.51 照明器材的线路连接

 知识点2 开关和控制电路

在照明电路中最常见的开关是扳动开关。UL指出照明用的扳动开关可以作为常用的拨动开关。拨动开关是根据开关的最大电流量而设计的,当电路达到其最大额定电压时就会切断电路。例如,开关上会印有"15A,125V"的字样(图 4.52),意思是说当电路中有 125V、15A 的最大电流通过时,开关会切断电路。而开关上的"AC"字样表示它只能用在交流电路中。而"T"(钨)表明最开始给白炽灯的电路中施加电压时,这种开关可以处理电流浪涌。

开关必须接地,除非这个开关是为了代替一个旧的、已有的不需要接地的设备。开关上设有接地端,通常是一个绿色六角形螺钉,通过它与接地装置相连(图 4.53)。当开关上装有金属面板时,就要用固定金属板的两个螺钉接地以确保其安全。如果开关是与固定这些螺钉的小的纸板垫圈一起售出的,那么在安装金属板前一定要移开这些垫圈,以确保达到规程中所要求的接地状况。

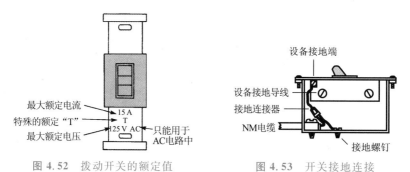

图 4.52　拨动开关的额定值　　　　图 4.53　开关接地连接

单刀单掷(SPST)开关可以从一个点控制电灯。当这种开关拨到开的位置时,两端点之间电路通畅,电流可以流过开关(图 4.54)。当拨到关的位置时,两端点之间的连接断开,使开关内部电路呈开路状态。这类开关固定在出线盒上,所以向上拉开关把手使开关打开,向下按使其关闭。

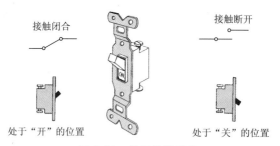

图 4.54　单刀单掷开关

在图 4.55 所示的原理图和布线图中,两个灯泡由一个单独的开关控制。在 NEC 的若干条款中要求所有的开关电路遵守火线(未接地的)必须接开关,而接地导线(中性线)不能接开关。鉴于这个要求,开关必须和带电导线或火线串联在电路中,而中性接地导线直接与灯座相连。如果灯泡是并联的,那么当开关闭合时每个灯泡两端都是完全的 120V 电压。如果两个相同的灯泡串联,则通过每个灯泡的电压会少于正常的 120V 电压。灯泡并联的另一个好处是这两个灯泡是相互独立地工作,如果其中一个烧坏了,另一个不会受到影响。

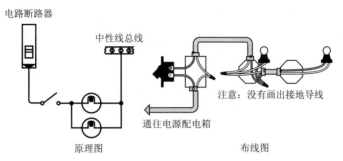

图 4.55　由一个单独开关控制两个灯泡的原理图和布线图

双刀单掷(DPST)开关一般用在 240V 电路中。这种电压要求有两个带电导线和一个开关,这种开关可以同时接通两根线路。双刀开关的构造与一对单刀开关相似。开关上的两个螺钉端分别标有 Line(线路)和 Load(负载),而且开关把手上标示了 ON(开)和 OFF(关)。图 4.56所示为用一个 DPST 开关控制一个 240V 的电加热器的开关电源。

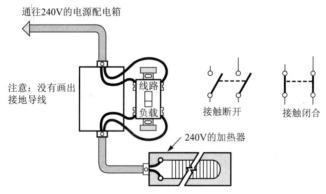

图 4.56　用 DPST 开关控制一个 240V 电加热器的电源

一对单刀双掷(SPDT)开关就是指常见的三路开关,它可以从两个位置控制电灯。这种类型的电灯控制实例有走廊或楼梯的电灯控制,具有两个入口房间的电灯控制。为这种开关设计的内部电路允许电流通过开关在两个位置上的任何一个(图 4.57)。由于这个原因,开关把手上没有开/关标志。三路开关有三个连接端,一个是公共端,它的颜色比其他两个端更暗。另外两个端称之为"控制端"。

图 4.58 中所示的原理图和布线图是利用三路开关在两个位置上控制一个灯泡。两个开关盒中的白色导线直接经过灯泡后连接。两个开关盒之间的两根红色导线是巡回的。由电源接出的黑色导线与第一个开关的公共端相连后,再通过灯泡与第二个开关的公共端相连。

这样无论操作三路开关中的哪一个,电灯都会改变状态——如果它是亮的,则会熄灭;如果它是灭的,则会点亮。

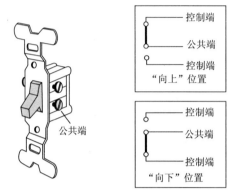

图 4.57　三路开关

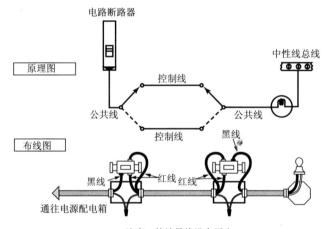

注意:接地导线没有画出

图 4.58　在两个位置上用三路开关控制一个灯泡的原理图和布线图

　　可以使用两个三路开关,再与任意多个四路开关配合一起使用就可以在多个不同的地方控制一个电灯。四路开关有四个连接端。四路开关与三路开关类似,允许电流通过开关的两个位置上的任何一个。鉴于这个原因,四路开关的把手上也没有开/关标志。图 4.59 所示为一个四路开关的内部转换情况。

　　图 4.60 所示为一个四路开关连接两个三路开关从三个转换端控制一个灯泡的原理图和布线图。四路开关与两个三路开关间的可移动导线相连。如果连接正确,就可以激活任何一个开关从而改变电灯的状态(使灯泡点亮或熄灭)。必须把可移动导线与四路开关的连接端对正确相连,否则转换顺序就会出错。对于多于三个控制地点的情况来说,三

路开关会安装在前两个地方,而四路开关则安装在其他另外的一些控制点。

电气操作规程中并没有特别规定给开关供给的电源一定要连入开关盒或控制设备中。图 4.61 所示为一个电灯电路,供电导线与电灯的引出线相连,而且利用一根双线电缆形成开关环路。在这种情况下,白导线就可以作为开关的供电线,但不能作为开关到电灯引出线的回线。白线需要永久性地重新标示,一般是利用黑色的电工胶带来完成。灯泡上可转换的火线(未接地)要有绝缘性且其颜色不同于其他的白线或灰线,以确保其连接安全。

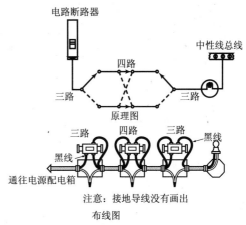

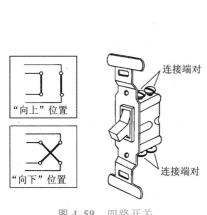

图 4.59 四路开关

图 4.60 从三个转换控制地点控制一个灯泡的原理图和布线图

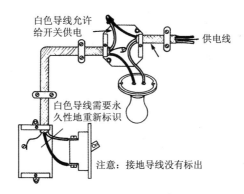

图 4.61 供电线进入电灯出线盒的电路布线

有时候需要用一个开关来控制双工插座的一半。可以通过移出插座的两个带电的(未接地的)黄铜螺钉端之间的联结来完成这一操作(图 4.62)。不能移出接到中线一侧的白色/银色螺钉连接处的联结。这些插座常被称为分线式插座。

图 4.63 所示为开关控制式插座的原理图和布线图。开关控制着插座的上半部分,而下

半部分则一直带电。这方面一个典型的应用是,便携灯插入插座的上半部分并且由开关控制,而同时插座的另外一半一直带电,这半部分可用于其他电器,如真空吸尘器、无线电收音机或电视。

可移出联结
具有完整黄铜联结的双工插座

黄铜联结移出
分开的双工插座

图 4.62 分线式双工插座

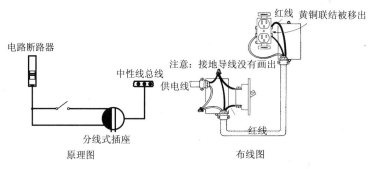

原理图

布线图

图 4.63 开关控制式插座的原理图和布线图

知识点3 接地系统

接地是一个重要的安全要素。正确接地能够防止触电并确保过载电流保护装置的正常运转。一些重要的接地术语如下。

① 接地。与地面和一些地面上的导体连接。

② 有效接地。专门通过接地连接或者具有足够低阻抗的连接与地面相连,且有足够的载流能力来防止大量电压对所接入设备或人体造成伤害。

③ 接地导体。接地导体是专门与地面连接的系统或电路导体。在三线配电系统中,中性线就是接地导体。

④ 不接地导体。不接地导体是指不是专门用来与地面连接的系统或电路导体。在三线配电系统中,火线或带电电线就是不接地导体。

在正常工作的电路中,电流通过不接地的火线流入负载然后再通过接地的中性线流回。火线带有电压,而中性线中的电压为零,这是地面的电压——实际上中性线与地面连接。与正常路径有任何背离都会很危险,为了防止危及人体和设备,电气规程要求安全系统要有接地,这样就可以保证每个出线盒和外壳板的电压都为零。

　　一般来说,接地保护可以防止两种危险——火灾和电击。从一个故障火线或连接处泄露出来的电流通过其他途径而不是正常途径到达的任何一个零电压点都可能导致火灾发生。这些途径会提供大电阻,会使电流产生足够的热量从而引发火灾。

　　当电流有少许泄露或没有电流泄露但有潜在的异常电流存在时,就有触电的危险。如果有裸露的带电电线与开关或插座的外壳接触而且这个外壳没有接地,火线的电压就会给外壳充电。如果人体接触到了带电外壳,人的身体就会提供一个电压为零的电流途径,就会使人体受到电击危险。

　　接地是指把房间线路设备的一些部分与公共地面连接。为了使这种保护系统起到作用,电力载流导体系统和一些电路中的硬件(或接线盒)都要接地。在一个良好的接地系统中,直接接地故障会产生一个较高的短路电流激增。该电流会使保险丝熔断或使电路断路器立刻开启从而断开电路。不正确接地会导致严重的触电情况发生,如图 4.64 所示。

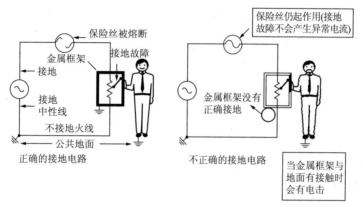

图 4.64　接地保护

　　白色的中性导线用于将载流电力系统接地。该中性线连在主供电入口配电箱中用来接地。与接地有关的最重要的一个要求是中性线不能被熔断或变换。不管其他线路的运行情况如何,连接所有电力出线盒的中性线必须通畅以确保接地线路的完整性。

　　非金属电缆中裸露的接地导线可以使系统中普通的非载流电气硬件接地(图 4.65)。这些硬件包括所有的金属接线盒和插座。接地导线与所有出线盒的连接必须通畅,而且要安全地与接线盒的接地螺钉端连接。许多设备的接地导线有绝缘层,而且按照电气规程的要求大部分为绿色。另外,电气规程允许设备在接地时使用有金属槽或金属外壳的电缆。

　　NEC 中把接合定义为"金属部件的永久性连接以形成一个导电路径,从而确保电的连续性和安全传导任何被强加电流的能力"。这一过程是通过安装接合跳线来完成的。接合可以使设备紧紧连接在一起从而保证设备上集结的电压相同,不同种类的设备之间在电位上没有差别。将设备接合在一起并不需要设备完全接地。接地导线作为电路的一部分是必需的,它可以将设备与接地电极连接起来。

　　两个金属部件的接合可以是金属与金属直接连接或者是一个导体提供两个金属部件永久性的连接。接合是用来提供传导路径的,它具有安全传导可能出现的故障电流的能力。电力系统中可以安装不同类型的接合跳线,但这其中只有一种最主要的接合跳线而且它安装在电力供电设施中。在规程中它被定义为接地电路导体与供电设施的接地导体之间的连接。图 4.66 为供电设施典型的接合应用。

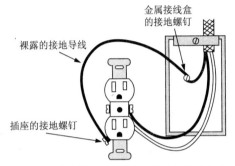

图 4.65　非金属电缆中裸露的接地导线用于
非载流的电气硬件接地

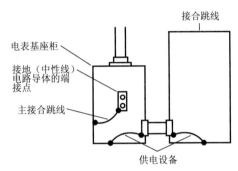

图 4.66　典型的应用于供电设备的接合

　　电气规程中不允许在接合或接地连接中使用焊接物。这样做的原因是一旦电路需要传导很高等级的故障电流时,焊接物就会熔化,导致接地途径断开。

　　电力设备在接地或没接地情况下其运行状态是一样的。由于这个原因,有时候就会导致对完全或充分接地这一重要事件的不小心忘记或疏忽。切记,接地的目的是保证安全。

4.3　其他灯具的安装使用

　霓虹灯

　　霓虹灯内部充有氖气,当电压加在两电极上时,形成氖气发光回路。当电子从一个电极流向另一电极时,氖气分子被激发并发出可见光。我们很多人都曾经见过在广告牌上用的霓虹灯。黑暗公路的尽头闪烁灯光可以看作城市的标志了。

　　图 4.67 所示为最常见的霓虹灯。这种灯常被用作夜间照明灯和指示灯。这种霓虹灯的组成结构包括一个内部充有氖气的小玻璃管和管内的两个电极。当电源施加在电极上时,霓

虹灯会发出柔和的橙色光。

图 4.68 所示是一个带螺纹灯头的霓虹灯,内部有成形电极。电极可以做成适合灯泡的各种形状。当电灯开启时,灯泡内看起来就像有一团火焰一样。

图 4.67 霓虹灯   图 4.68 有成形电极的霓虹灯

适当结构的霓虹灯发出的电弧或等离子体能够击穿很远的距离。图 4.69 所示为一个直线状的霓虹灯,电弧可以穿过两个电极之间整个灯管的长度。

等离子体的另一个特性是它可以穿过弧形和弯曲的灯管。图4.70所示的"OPEN"标志,实际上是用一个霓虹灯管弯曲成的单词形状。字母之间的连接部分涂黑,当灯管接通电源时,字母部分就会发出明亮的光。

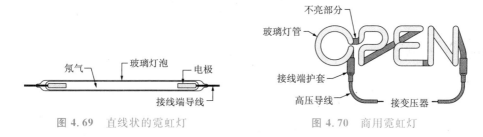

图 4.69 直线状的霓虹灯   图 4.70 商用霓虹灯

由于霓虹灯中电极的间距较远,所以在启动时需要高电压。图 4.71 中是一个有限流功能的变压器,这种变压器通常用于霓虹灯的启动。它的输出电压通常为 $20\sim45kV$。当高压加在灯管两端的电极上时,电弧会从一个电极流到另外一个电极上,这样灯管中的气体就会被电离并开始发光。当气体处于电离状态时其电阻变得很小,变压器的输出电压会降低到正常工作电压,一般为 400V 左右。

广告中使用的霓虹灯要制成特定的字母、单词或图案,并在两端加入电极,其中一个电极有一个易熔的端口。在制作时,将易熔端连接到真空泵上,将气体抽出灯管,并接通施加在两极上的电压。灯管内的真空度由一个阀门控制,然后将氖气慢慢注入灯管。当氖气足够多时,灯管就会发光。继续注入氖气就可以调节灯的亮度。当气体量调节好后,易熔端口便被熔化密封住,一个霓虹灯管就做好了。图 4.72 霓虹灯管制造系统。

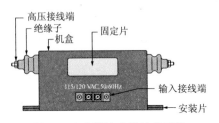

图 4.71   有限流功能的变压器

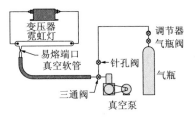

图 4.72   霓虹灯管制造系统

 **卤素灯**

卤素灯如图 4.73 所示,是一种改进的白炽灯泡。卤元素在工作过程中连续不断地从灯丝上蒸发,再沉积,在灯丝的设计寿命里可以产生明亮的灯光。灯丝最高的工作温度大约为 3400℃(5500℉)。这时,灯丝慢慢蒸发并释放钨原子。钨原子向温度稍低的灯泡壁转移,灯泡壁此时温度约为 730℃(1340℉),钨原子与氧元素和卤素结合,形成卤氧化钨化合物。灯泡中的对流电流再将卤氧化钨带回灯丝。灯丝处的高温使卤氧化钨分解,氧和卤素原子重新回到灯泡壁上。钨原子重新在灯丝上凝结,循环过程再次开始,如此灯丝可以得到持续的补充。

 **水银灯**

第一盏水银灯由 Peter Hewitt 在 1901 年申请专利,并在次年开始投入生产。早期的水银灯如图 4.74 所示,是一种相当简单的设备。其组成结构包括一个盛有一段水银的容器,水银中有一个低端电极,灯泡的另一端装有高端电极。当电源连接在电极上时,开始产生汞蒸气,灯泡的温也随之升高,并产生明亮的蓝绿色光。要开启水银灯,只要将水银灯旋转使水银流动接通灯泡的两极,形成电流回路,然后再把灯泡摆放至工作位置即可。

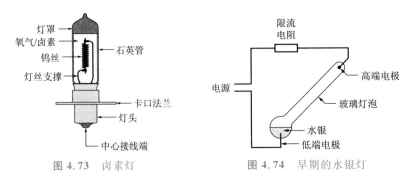

图 4.73   卤素灯   图 4.74   早期的水银灯

水银灯为户外照明和工业照明提供了理想的照明设备,而且很快成为工厂、路面、露天体育场、停车场等的标准照明设施。在今天水银灯依然被广泛使用,住所周围的路灯就是其典型实例。商用的水银灯如图 4.75 所示。

许多现代的水银灯都需要利用一个限流升压变压器来工作,如图 4.76 所示。在开启过程中变压器为灯管提供产生等离子体所需的高电压。在等离子体产生后,灯管内的低电阻使得变压器的电压被拉低到工作电压。

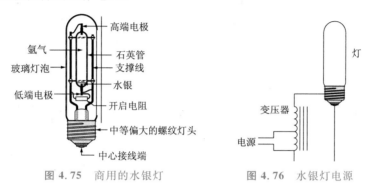

图 4.75　商用的水银灯　　　　图 4.76　水银灯电源

 知识点4　高压钠蒸汽灯

钠蒸汽灯已成为高速公路照明设施的一种最佳选择。在高速公路上,我们看见的那些发出金黄色灯光的就是钠蒸汽灯。这种灯的光谱更加适合人的眼睛,光线柔和而且不那么刺眼。

图 4.77 所示是一种典型的高压钠蒸汽灯。灯泡真空外罩的中间固定着一个石英管,真空灯罩是为了隔离灯管工作时产生的高温。石英管包含着少量的钠和氖气。石英管内有两根灯丝连接在灯管两端,其开启方式则与荧光灯相似。加热两根灯丝,产生电弧和高温。高温使得钠变成蒸汽,在一个预定的启动周期后,灯丝中的电流断开,并在两个灯丝上加载高压,这样等离子体产生。钼金属片衬在灯丝后,带走灯丝在工作时产生的大量热量,以起到保护灯丝的作用。钠蒸汽灯从启动到达到额定工作温度需要大约 30min,所以使用钠蒸汽灯的场所必须能够提供这样一段预热时间。另外一个需要注意的问题是,钠蒸汽灯的内部压力非常高,石英管内的气压可以达到大气压的许多倍。

 **知识点5**　氙　灯

大多数人都知道照相机中使用的是氙气闪光灯。如今氙气闪光灯作为一个完整的部件

出现在几乎所有的照相机生产过程中。

　　图 4.78 示出了一个氙气闪光灯。玻璃灯泡中充满氙气,灯泡一端固定一个电极,灯泡外固定一个触发板。当接线端施加高电压时,由于内部电阻非常高,不足以产生电弧。此时触发板采用短暂的连续脉冲信号激发灯泡,使得管内的氙气电离从而降低电阻。一旦电阻降低,施加在两端接线上的高压就可以接通,并形成持续的耀眼的等离子体。

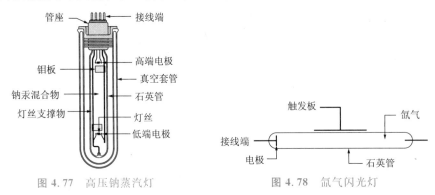

图 4.77　高压钠蒸汽灯　　　　　　　图 4.78　氙气闪光灯

　　氙气闪光灯最常见的两种形式为直线型和 U 形灯管,如图 4.79 所示。可以看到这两种灯管外部都有触发板。

　　图 4.80 所示为一个氙气闪光灯的基本图例。当电压施加在电路中时,C_1 和 C_2 充满电荷。当触发板闭合时,C_2 放电,在 T_1 初级产生一个脉冲,接下来在次级生成一个高压脉冲。氙气被电离,从而使得 C_1 放电产生耀眼闪光。R_1 是用来防止触发板闭合时 C_1 放电电流经过 C_2。

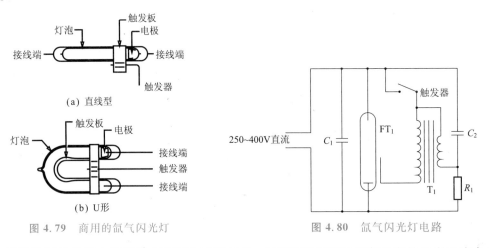

图 4.79　商用的氙气闪光灯　　　　　　图 4.80　氙气闪光灯电路

　　短弧氙灯是为了在稳定状态下工作而设计的,主要配置在需要极高强度的日光且光色平和的应用设备中。短弧氙灯最显著的应用就是电影放映机,如今这种灯泡广泛应用于电影院。

图 4.81 所示为一个典型的短弧氙灯。通过施加高压启动灯泡,在灯泡正常工作时灯泡两端维持在一个稍低的电压下。由于这种灯泡工作时会产生极高的温度,所以这种设备绝大多数都采用水冷方式降温。

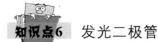

知识点6　发光二极管

计算机硬盘工作指示灯,电视遥控器的红外光源以及立体声系统的红色电源指示灯都是发光二极管(LED)。

发光二极管是一种接通电源后能发光的二极管。通常发光二极管有两种基本型号,ϕ5mm 和 ϕ3mm,如图 4.82 所示。发光二极管可供选择的颜色有红色、黄色、绿色和白色。还有超亮型的 LED 适合低端的照明设备使用。这类超亮度的 LED 阵列多用于交通灯和汽车尾灯。这种 LED 也用于井下检查灯中,灯的体积不会超过一支钢笔的大小,可以挂在钥匙扣上。

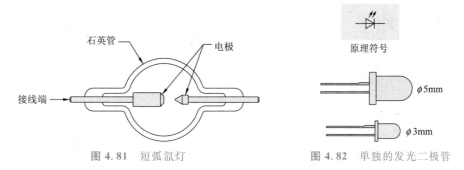

图 4.81　短弧氙灯　　　　　　　图 4.82　单独的发光二极管

图 4.83 所示为安装在一个标准卡口灯头上的超亮 LED 阵列。这种设备是标准白炽灯的新型替代品。相比于白炽灯,这种灯泡的使用寿命更长,功效更高。

LED 另一个普通的应用是七段数码显示,如图 4.84 所示。这种设备最典型的应用是在普通的数字闹钟里。无论是白天还是晚上,明亮的红色数字都很容易看清楚。

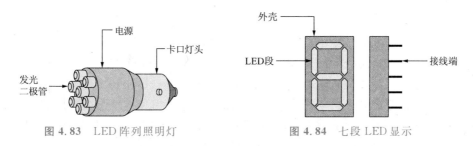

图 4.83　LED 阵列照明灯　　　　　图 4.84　七段 LED 显示

4.4　门铃电路

在现代家庭中,门铃是一种普遍使用的信号装置。典型的双音频门铃(图 4.85)可以区分来自两个方位的信号。它由两个 16V 的电子螺线管和两个音频杆组成。螺线管是一个具有活动磁心或活塞的电磁铁。当有短暂的电压提供给前面的螺线管时,它的活塞就会撞击那两个音频杆。当有短暂的电压提供给后面的螺线管时,活塞就只会撞击一个音频杆。因此来自前螺线管的信号就产生了双音频,而来自后螺线管的信号只产生了单音频。

门铃的接线端子板元件通常有三个螺钉端子(图 4.86)。其中一个标有 F(前)的端子与前门的螺线管的一侧相连。标有 B(后)的端子与后门的螺线管的一侧相连。而标有 T(变压器)的端子与两个螺线管剩余的导线连接。这样就使 T 端同时连在了两个螺线管上。

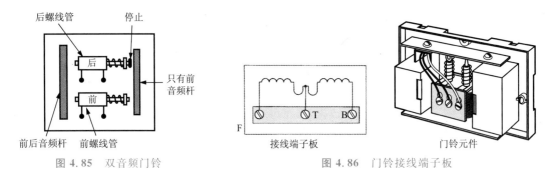

图 4.85　双音频门铃　　　　　　　　　图 4.86　门铃接线端子板

图 4.87 为一个门铃电路的完全原理图和示范线路的数字序列表。图中用一个 120V/16V 的电铃式变压器作为供电元件。从原理电路图中可以清楚地了解电路是如何工作的。按下合适的按钮就会形成前螺线管回路或后螺线管回路。用按钮代替开关,这样只要按下按钮电路就一直处于工作状态。双音频电铃表明信号来自前门位置,而单音频电铃表明信号来自后门位置。

当家庭中对这种电路布线时,各种不同类型的线路配置图和电缆都可能出现在相同的原理图中。图 4.88 就是模拟一种典型的家用线路配置图。变压器通常会装在房间的地下室,变压器 120V 的初级端接入家用电路系统。一般会使用三个电缆。一根双导线的电缆从变压器连接到房间的每个门处,而三导线的电缆会从变压器接到门铃处。门铃位于第一层的中央。注意各部分元件都要根据原理图中的数字序列编好号。按钮和变压器如图所示。布线图可以依据线路数字序列表连接好各个端点而最终完成。用导线绝缘的彩色编码来正确地区分电缆导线端。一般情况下,双导线的电缆包括白线和黑线。三导线的电缆通常颜色编码为白色、黑色和红色。这种类型的信号线路不需要使用出线盒。

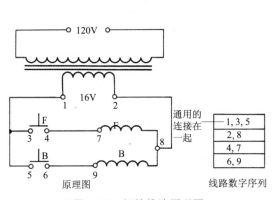

图 4.87　门铃线路原理图

图 4.88　典型的门铃布线图

线路数字序列
1, 3, 5
2, 8
4, 7
6, 9

4.5　门开启电路

在一些公寓式大楼里常常使用电子开门电路,应用这种电路可以使用户在各个房间通过远程控制打开每个主要入口。典型的电子门锁(图 4.89)包含一个具有衔铁的电磁铁,衔铁就相当于一个门闩开启板。每当有电流流过电磁铁时,它会吸引门闩,使其松开从而把门打开。

图 4.90 所示为一个简单的双公寓电子开门电路的原理图及线路数字序列表。流过开门装置电磁铁的电流通过并联的两个按钮控制。这两个按钮(A_1 和 B_1)位于它们各自的公寓(Jones 和 Smith)。按下公寓任何一个按钮都可以连通开门装置电磁铁电路。流过位于公寓 A(Jones)的蜂鸣器的电流由按钮 A_2 控制,A_2 位于门厅处。类似地,流过位于公寓 B(Smith)的蜂鸣器的电流由按钮 B_2 控制,B_2 也位于门厅处。

如果与内部通信系统联合使用,访客就可以在门厅处确认,在公寓铃声响起的同时主人就可以把门打开。图 4.91 为一种典型的布线电路图。

电子开门装置常常作为电子通行卡系统的一部分(图 4.92)。通行控制卡和机械锁使用的钥匙不同。每个塑料的通行卡都包含有编码信息。当把一张卡放在读卡器上时,控制器的微处理器就会查找一个表格以确认这张卡是否授权。如果卡已经被授权,微处理器会输出一个信号把门打开。如果卡被替换、丢失或被偷,卡的编码就会从查找表中删除。这样安全性不会受到危害,损失仅仅是再换一张卡。很多电子开门装置与生物统计信息(手、指纹、眼睛)和辅助键盘以及通行卡控制系统兼容。

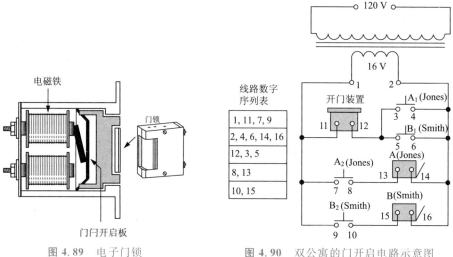

图 4.89   电子门锁

图 4.90   双公寓的门开启电路示意图

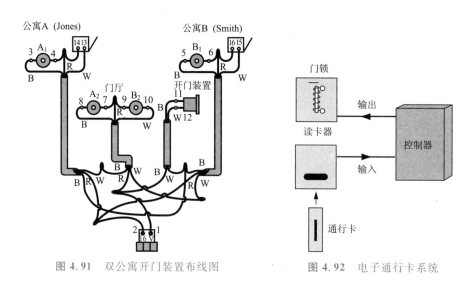

图 4.91   双公寓开门装置布线图

图 4.92   电子通行卡系统

 ## 4.6   报警系统

　　安全报警系统根据两种基本的防护类型检测入侵者,周界保护和区域保护。周界保护系统可以在大楼周围确保安全,它可以保护任何一个入侵者可能进入的点。为了使周界保护系统更有效,每个可能进入的点都要使用传感器或开关来进行保护。这些进入点包括所有的门和窗口(图 4.93)。

区域保护是防止入侵者的第二道防线。区域保护系统不检测门和窗户是否打开,而是当入侵者进入大楼后,检测入侵者是否存在。区域保护传感器和探测器比周界保护系统所用器件更高级也更昂贵。这些检测设备通常置于入侵者进入大楼后最有可能通过的地方(图4.94)。最好的安全系统常把周界保护和区域保护联合起来使用。这样做的目的是,当其中一个系统不能正常工作或者当入侵者部分破坏了一个报警系统时,两种保护系统相互补充工作。

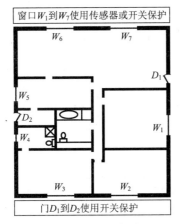

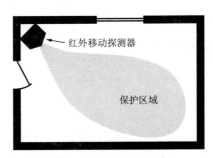

图 4.93 周界保护 图 4.94 区域保护

通常有两种安全报警方式,无线和硬布线系统。对于无线报警系统而言不需要用导线把探测设备连接到控制面板。在无线系统中,控制面板基本上就是一个接收器,而探测设备则是发送器。无线系统很容易安装,但是相对来说也更昂贵而且容易受到无线电频率的干扰。硬布线报警系统安装起来比较困难,但是它们的价格相对便宜而且比无线电系统更可靠(图4.95)。

探测装置相当于报警系统的眼睛和耳朵。磁力开关(图4.96)广泛地应用在门和窗户的周界保护中,它由一个开关和磁铁组成。典型的安装方法是把磁铁安装在门或窗户的活动框上,把开关校准定位地安装在门或窗的固定框架上。移动与开关校准定位的磁铁即打开门或窗户时,就打开或闭合开关触点并激活报警器。

对于区域保护来说有三种类型的移动探测器,超声波、红外和微波探测器。微波和超声波报警元件的工作原理与雷达类似。它们发射能量波,当有移动物体干扰这种波时就会激活报警器。被动式红外移动探测器(图4.97)的工作原理与温度计类似,它能检测到红外(或热)能的变化情况。在一般的居住环境中,红外移动探测器是最好的移动探测设备。这种类型的移动传感器比其他设备耗能少而且很少有误报警的情况。

所有的报警系统都由控制面板、键盘或键开关、发声设备例如电铃或报警器以及探测装置组成(图4.98)。基于微处理器的控制面板是系统的大脑,它可以保存程序信息来控制安全系统的运行。探测装置常位于整个大楼的战略性位置以检测侵扰,然后将信息传给控制面

板。键盘或者键开关可以用来设定系统或解除系统。在一些小型的报警系统中,键盘和控制
面板合并在一起。

在控制面板中常使用不同类型的环路或电路来开启报警状态。一个常闭(N.C.)回路表

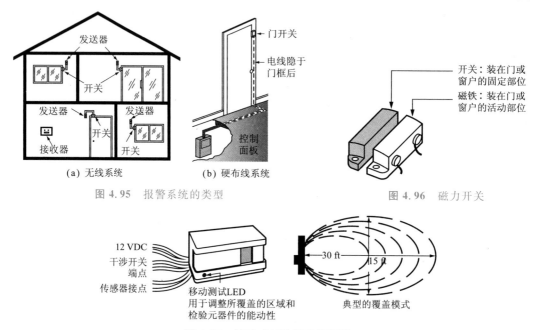

(a) 无线系统　　　　(b) 硬布线系统

图 4.95　报警系统的类型

图 4.96　磁力开关

图 4.97　被动式红外移动探测器

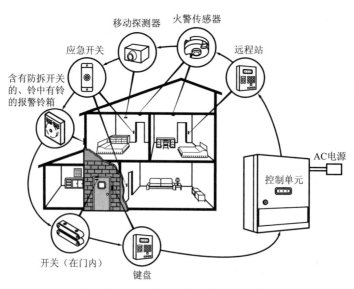

图 4.98　一个安全报警系统的基本部件

示当电路形成或有电流流过时系统处于无误或正常工作状态(图4.99),它由传感器或开关串联而形成。回路一旦有中断就会进入报警状态。常闭环路的应用很广泛,因为它们一直在监视着系统。也就是说如果电路被中断或切断,报警系统就报警。

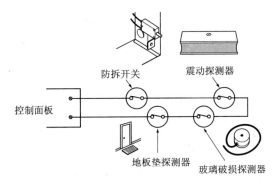

图 4.99 典型的常闭(N.C.)电路回路

常开(N.O.)回路表示当电路开路且没有电流流过时,系统处于无误或者正常工作状态(图4.100),它由传感器和开关并联而成。闭合电路使电流流过就会进入报警状态。线末端的防护电阻器可以使常开回路自我监督。当导线被切断或中断和接触不良时,系统会发出信号以警告系统存在问题。在系统正常状态时,会有小的预定电流不断地流过线路。如果电流

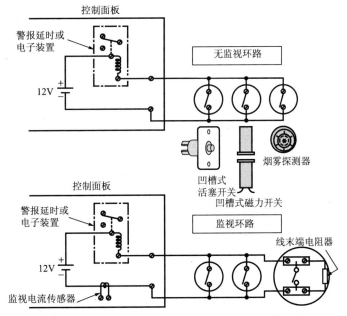

图 4.100 常开(N.O.)型无监视和有监视电路回路

值下降到某一级别时,就会引发问题信号。然而,如果由于传感器闭合了接触端而引起电流大量增加的话,警报也会响起。监视系统的电流取决于线末端防护电阻器的电阻。

当有侵害状况发生时,瞬时回路将引发瞬时警报,而延时回路会延时设定的一段时间后报警。出口延时可以使人在警报关闭之前走出门外并使环路恢复到正常状态。而进入延时则可以使人在警报关闭之前进入门内并解除控制面板的控制。报警延时控制调整就是用来设置延迟时间。

不管系统是否设定,24 小时保护环路都可以随时激活警报系统。这种保护环路可以应用于火警探测器的监测、应急按钮和防拆开关等方面。

第5堂课

电工常用元器件

课前导读

　　各种元器件是最常见的一类机电设备，主要包括各种开关装置、断路器、接触器、继电器、定时器等内容。掌握这些元器件的工作原理及操作方法，对于电工技术人员来说是非常重要的。

　　掌握多种元器件的工作原理和操作方法。包括手动开关、按钮、电源断路器、选择开关、限位开关、磁性开关、水银开关等。

学习目标

5.1 手动开关

手动开关是最常见的电控器件。最简单的开关是闸刀开关,如图 5.1 所示。该闸刀开关包含一个金属闸刀,它可以旋转到触点位置。开关的两个接线端分别位于闸刀的两端,一端接枢轴,另外一端接触点。推动闸刀接触触点就可以接通开关,提起闸刀离开触点可以切断开关。在现实生活中,这种基本的闸刀开关并不常见,它们主要用来开关大功率设备,或者用于教学活动。

双掷开关是电路中基本的双向选择元件。电源连接到开关的公共端,就可以被导通到两个电路之一。如图 5.2 所示,是一个单极双掷的闸刀开关,当向左或者向右推动闸刀时,公共端可以分别同触点 A 或者触点 B 连接。

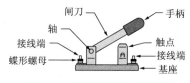

图 5.1 单极单掷闸刀开关

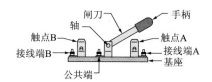

图 5.2 单极双掷闸刀开关

可以利用多极开关同时对两个或者更多的电路进行开关控制。如图 5.3 所示,为一个双极闸刀开关,这个开关由共用一个公共手柄的两组标准开关组成,这两组标准开关固定在一个公共的基座上。

多极开关也可以扩展为双掷型,如图 5.4 所示,为一个双极双掷闸刀开关,这是最常见的一种开关结构。

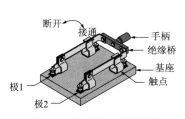

图 5.3 双极单掷闸刀开关

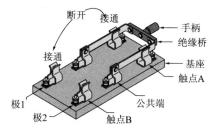

图 5.4 双极双掷闸刀开关

如图 5.5 所示,为一个四极双掷闸刀开关。开关的极数根据实际需要情况确定。三极,四极,六极,八极开关很常见,可以用来解决多个电路的开关控制问题。

在现实的工程应用领域中,闸刀开关在高电压工作场合具备明显的优势。如图 5.6 所示的大型多极片的闸刀开关在发电站可以找到,利用它可以开关大电流设备,也可以用来开关辅助发电系统。第二次世界大战中使用的潜水艇就是利用闸刀开关组控制直流推进电动机。当命令发送到控制站时,操作人员手动选择与运行速度相匹配的电压值。

　　一个闸刀开关的制作过程相当简单。将四个铜弯板粘贴在一个不导电的基座上,如图
5.7 所示,闸刀被固定在一组铜制弯板上,另一组铜弯板作为触点。利用绝缘材料或者热缩
材料包裹闸刀的末端制成绝缘手柄。图 5.8 示出了一个台式闸刀开关的爆炸视图。

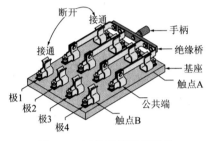

图 5.5　四极双掷闸刀开关

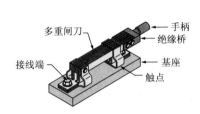

图 5.6　大电流闸刀开关

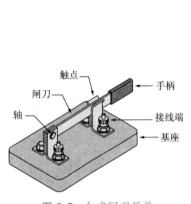

图 5.7　台式闸刀开关

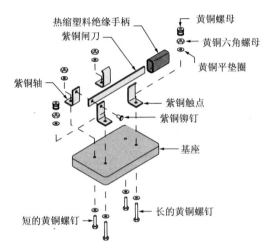

图 5.8　闸刀开关爆炸视图

　　闸刀开关的另一个应用是保险开关,这种开关的闸刀采用一段绝缘材料隔开。保险丝通
过闸刀上的两组槽孔跨过绝缘体,保险丝位于绝缘体的上侧,如图 5.9 所示,这些开关大多数
为多极双掷结构。

图 5.9　保险开关

5.2 开关动作

开关动作是指开关上触点的断开或者接通的机制。开关中有两个基本动作。闸刀开关可以看做一个凸轮动作开关。凸轮动作开关触点的断开或者接通同执行器的位置直接相关。由于在断开或者接通触点时的速度比较低,会引起电火花问题。为了补偿电弧放电对触点的损害,凸轮动作开关通常采用较重的机构。

图 5.10 表示一个典型的凸轮动作开关机构。当执行器被压到左边的时候,凸轮断开触点;反之,当执行器被压到右边的时候,凸轮接通触点。许多凸轮动作开关的凸轮上都有一个平面,利用它来保持执行器的位置。

快速动作开关可以提供非常迅速的重复开/关动作。它包含一个可以存储执行器能量并将能量释放给触点的机构,该机构主要用来减小触点间的电弧。快速动作开关可以根据它的带载能力做得很小。此外,它还具有相当出色的触觉反馈特性。

快速动作开关的一个缺点是触点颤动。当开关接通时,触点以很快的速度强制闭合,运动中的触点可能会反弹,从而离开固定触点。在通常情况下,电路对开关反弹的灵敏度是有一定要求的。

如图 5.11 所示,是一个快速动作开关机构,常见于高性能开关。执行器的能量被存储在弹簧内,当弹簧越过支点时,将把接触臂和浮动触点牵引到固定触点上。

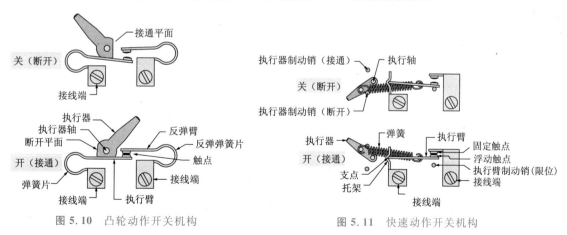

图 5.10　凸轮动作开关机构　　　　图 5.11　快速动作开关机构

最常见的开关是凸轮动作开关和快速动作开关的组合体。伪快速动作开关是一个带有快速执行器的凸轮动作开关,它具备很多优良的特性,使其得到广泛应用。其简捷的设计风格降低了生产成本,减小了触点颤动,缩短了开/关周期,并且提高了接触反馈性能。

图 5.12 所示是一个伪快速动作开关机构。请注意,触点和执行器的设计思路同如图 5.10 所示的凸轮动作开关很相似。主要的不同之处在于,图 5.12 中的弹簧和执行器变成球状结构,这样可以提供瞬时的动作。

伪快速动作开关的典型形式为鼓形开关,这种开关可以使低功率的三相电动机实现正转—关—反转,图 5.13 表示一个典型的商用鼓形开关。

通过调换三相电源的任意两相可以使三相电动机反转。鼓形开关是一个具有三个位置,三个极性单元的设备,其中间位置为关,极 1 的状态为接通/断开/接通,极 2 跟极 3 具有换向作用。图 5.14 所示为鼓形开关的原理图。当电动机正转时,三个电源端直接与电动机相连;当电动机关闭时,三相电源断开;当电动机反转时,极 1 直接与电动机连接,而此时极 2 跟极 3 反接。

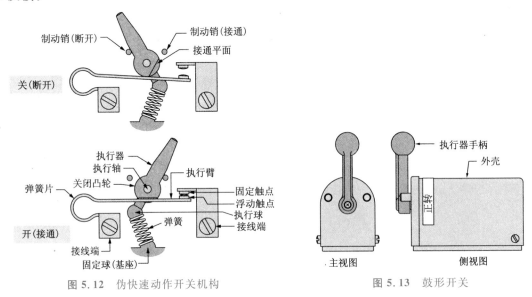

图 5.12　伪快速动作开关机构　　　　　图 5.13　鼓形开关

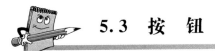

5.3　按　钮

按钮,或者说是瞬时开关是很常见的。典型的例子就是门铃按钮。按钮不同于具有开/关状态的开关。瞬时开关可以是多极的,常开,常闭,或者是二者的综合。

图 5.15 所示为一个简单的板簧瞬时开关,铜制叶片的一端粘有绝缘按钮,另外一端固定在基座上;另一个铜条作为触点,也被固定在基座上,接线端分别位于这两个铜条的末端。

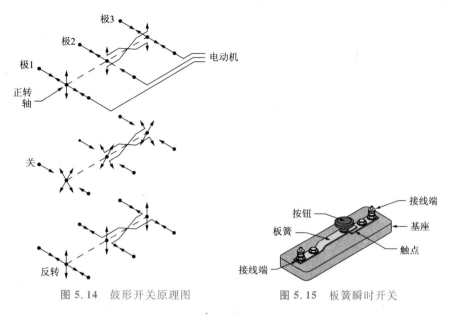

图 5.14 鼓形开关原理图　　　图 5.15 板簧瞬时开关

图 5.16 所示为一个板簧开关的爆炸视图,它的组成相当简单。

图 5.17 表示商用常开型瞬时开关的断面图,该模块包含了两套接触装置,固定触点位于开关的内部,浮动触点粘贴在桥上。当按钮按下时,桥下压到固定触点,电路接通。

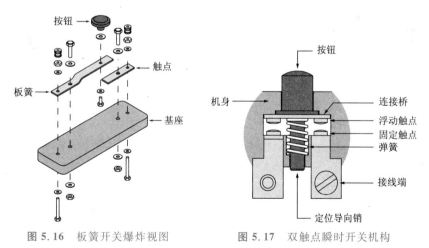

图 5.16 板簧开关爆炸视图　　　图 5.17 双触点瞬时开关机构

有些应用要求按钮是瞬时开关,为了减小尺寸,在结构上安装了具有弹性的圆顶,当按下按钮的时候,圆顶弯曲到某个位置。

图 5.18 展示了一个典型圆顶瞬时开关机构的断面图。

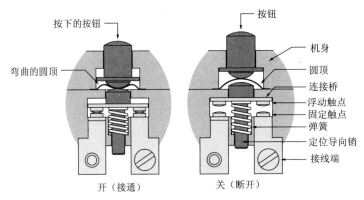

图 5.18 典型圆顶瞬时开关机构

舌簧开关是一种常见的瞬时开关。为了满足应用,很多叶片像堆栈一样排列在一起,由于带载能力有限,舌簧开关主要用于通信以及测试设备。

图 5.19 所示是一个典型的双极双掷舌簧开关。可以看出,减小框架和增加栈中的叶片是相当容易的,所以多极舌簧开关的价格通常很便宜。

事实上,厂商已经针对各种结构设计了成千上万种开关,图 5.20 和图 5.21 示出了商用开关的一些类型,大多数开关为凸轮动作开关,快速动作开关,或者是伪快速动作开关。有单极,双极,多极以及单位、双位和三位。

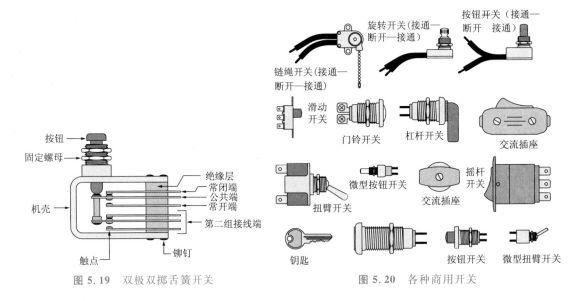

图 5.19 双极双掷舌簧开关

图 5.20 各种商用开关

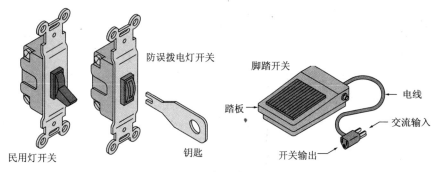

图 5.21 各种商用开关

5.4 电源断路器

我们将要讨论的另一类开关是电源断路器。电源断路器是一种大型工业开关,它是为开关大电流电源供电回路而专门设计的。电源断路器主要分为两类:第一类仅仅作为断路器使用。这类开关不是用来开关负载,而是用来安全的关断电源,或者在紧急情况下关断电源。在关断电源前,正在运转的机器必须完全停止运行。如果断路器被用来开关电源,可能会产生电火花,从而对触点造成伤害。

图 5.22 所示是市场上最简单的电源断路器。在家里或者商用的空调上都能找到诸如此类的断路器。这些断路器通常固定在邻近设备处,以便于工程师可以直接控制电源。

图 5.23 表示带有旋转刀片的电源断路器的工作原理。旋转刀片是一个双向闸刀开关。执行手柄通过驱动轴连接到旋转闸刀的轴上,当执行器转过 90°时,闸刀就连接上了。

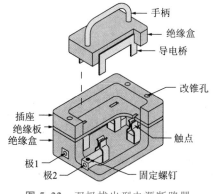

图 5.22 双极拔出型电源断路器

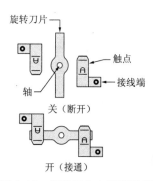

图 5.23 旋转刀片电源断路器

图 5.24 所示是一个三极型杠杆驱动电源断路器,虚线表示闸刀的关断位置。

第二类电源断路器用来关断当前正在运行的负载。通常情况下,这类断路器由一个在开关的驱动轴上装有快速动作执行器的标准电源断路器构成。

图 5.25 示出一个典型的带有快速执行器的电源断路器,它最大限度地减小了电火花,从而允许关断正在运行的负载。

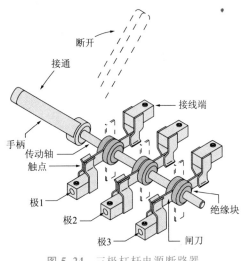

图 5.24　三极杠杆电源断路器

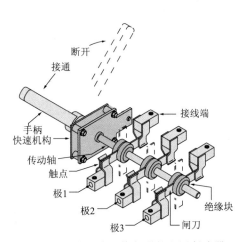

图 5.25　带有快速执行器的电源断路器

图 5.26 所示为一个极具代表性的快速执行器机构。压下杠杆时,执行凸轮通过压缩随动弹簧存储能量。当杠杆压到弧底时,外力的合力越过旋转中心,弹簧力迫使触点凸轮迅速回位。这种机构可以用来安全可靠地关断电流高达几百安[培]的负载。

电源断路器也用在保险装置上,如图 5.27 所示,它可以用来保护设备。

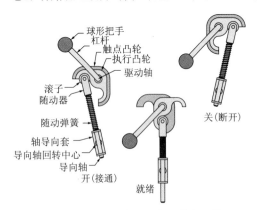

图 5.26　电源断路器的快速执行机构

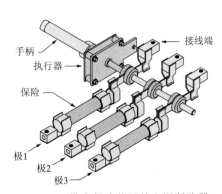

图 5.27　带有保险装置的电源断路器

5.5　选择开关

很多应用中需要在多个电路中进行选择。选择开关就应用在该领域内，这些开关都有一个公共端，可以同几个输出端相连。

图5.28和图5.29所示为一个简单的闸刀选择开关。刀片和触点都由铜条制成，固定在一个绝缘基座上，接线端位于铜条的末端，绝缘手柄粘贴在闸刀上，改变闸刀位置可以接通任意一组电路。

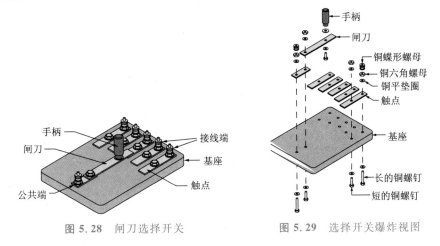

图 5.28　闸刀选择开关　　　　　　　　图 5.29　选择开关爆炸视图

构建选择开关的另外一个简单方法就是使用香蕉跳线，如图5.30和图5.31所示。公共

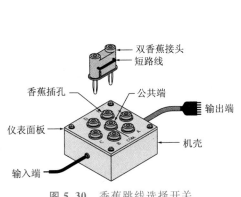

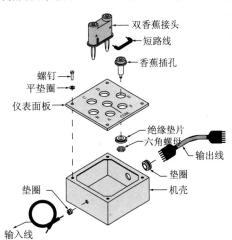

图 5.30　香蕉跳线选择开关　　　　　　图 5.31　跳线选择开关爆炸视图

插孔位于一组成圆形阵列分布的插孔的中心。圆半径为 0.75in，是两个标准香蕉插孔的中心距。将双香蕉接头短接，只需拔出插头然后重新插入不同的位置，就可将插头作为选择开关使用。需要注意的是，构成圆形阵列的插孔之间的中心距离不应是0.75in。这样可以避免接错香蕉接头。

早期的测试设备和无线电通信设备通常使用的是旋钮选择开关，如图 5.32 所示。在安装在设备上的开关完全由该设备的生产商制造的时代，这类开关为设备提供了良好的低阻触点。现在只有在教育辅助设备上才能找到这样的开关。

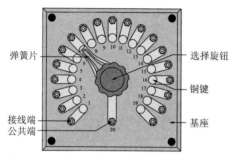

图 5.32   旋钮选择开关

图 5.33 示出一个现代的、敞开式、多极选择开关。它们具备不同的构型，位数跟极数。机芯通常由玻璃纤维绝缘板构成，并带有铜制的接触刀片。开关刀片由定位片和螺杆固定在机芯上。通常主机芯上有一个定位凹槽，它可以保证位置精度，并提供接触反馈。

图 5.34 是一个典型的密封式选择开关，它们的端子既有焊接式的也有螺纹连接式的。

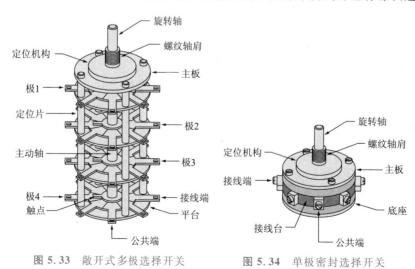

图 5.33   敞开式多极选择开关   图 5.34   单极密封选择开关

图 5.35 所示是大电流开关选择器,其内部包含了快速动作机构。它们操作起来不是很舒服,执行器很硬,旋转时需要始终用力直到机构动作。

指轮选择开关可以为微处理机系统提供一个 2 值的输出。输入一个数值,将产生与该数值相对应的二进制数。

图 5.36 示出了一个典型的指轮选择开关。每个开关都是单独一位,几个单元可以组合使用。

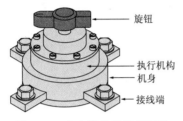

图 5.35 大电流快速选择开关

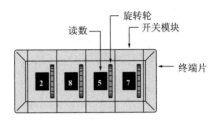

图 5.36 指轮选择开关

输出八进制(8 位)、十进制(10 位)和十六进制(16 位)的指轮选择开关如图 5.37 所示。

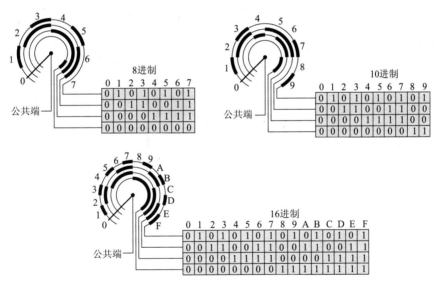

图 5.37 指轮开关的编码形式

我们都熟悉的汽车点火分电器就是一种典型的选择开关,如图 5.38 所示。该分电器用来选择合适的火花塞以点燃内燃机,需要注意的是,一个普通的分电器也可以用作高压选择开关。分电器用来开关几千伏特的电压,有很好的高压接线端。此外,相对于高压线和高压触点而言,火花塞线的价位相当低廉。当采用分电器作为选择开关时,为了确保安全,外壳应当接地。标准分电器的触点是按点火间隙排列的,所以在转轴上应固定一个硬触点。按钮、定位凹槽、显示盘取代了原先的定时齿轮。

图 5.39 示出了一个分电器用作高压选择开关的例子,一个分度盘和带有指针的选择按钮取代了定时齿轮。如图 5.39 所示,在外壳上钻孔与地线相接。

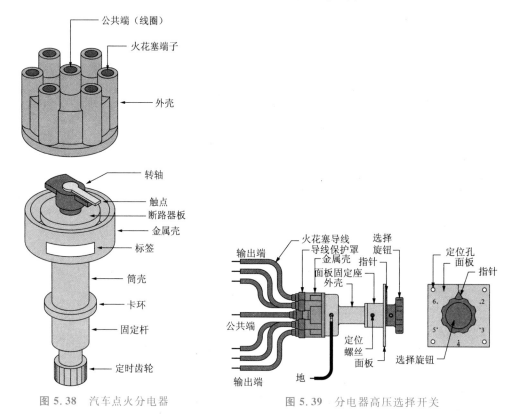

图 5.38   汽车点火分电器   图 5.39   分电器高压选择开关

5.6   限位开关

限位开关是用来监测机器位移的开关。它们结构千差万别,尺寸大小不一。通常包含一个单极双掷的快速动作开关。各种限位开关之间原理性的差异体现在执行器上。限位开关的执行器从小按钮直到相当精确的执行器,范围很广大。冰箱上用来打开灯的按钮就是一种限位开关,汽车门上的按钮也是一种限位开关。

图 5.40 所示为一些常见的直动式执行器。微型按钮和标准按钮开关是最常见的执行器。图 5.41 示出了杠杆执行器。跟直动式执行器一样,杠杆执行器也比较常见。

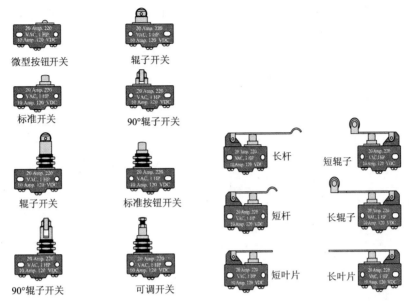

图 5.40 直动式限位开关　　　　图 5.41 基本限位开关执行器

　　厂商为不同的应用场合提供各种不同性能的执行器,如图 5.42 所示。图 5.43 示出了一些专业执行器。

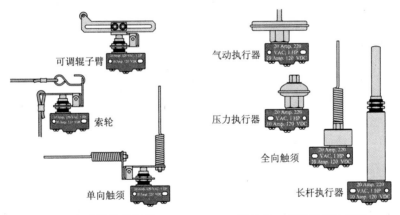

图 5.42 各种性能执行器　　　　图 5.43 各种专用执行器

　　在类似工厂车间等恶劣的工作环境中,并不需要非常精确的限位开关,通常称这些开关为工业限位开关。它们通常有高强度的外壳,以防水、油和化学物质的侵蚀。图 5.44 示出了两个工业限位开关,其中一个带中心预加载杠杆臂,另外一个为带自锁功能的杠杆臂。

　　在需要精确控制机械运动时,可能会用到测微可调限位开关,如图 5.45 所示。这种结构的开关可以控制精度达 0.001in 的位移,测微可调限位开关在现代化的各种机床上很常见。

　　限位开关可以成组地检测各种位移,图 5.46 所示为一组带有滑轮杠杆执行器的限位开关。

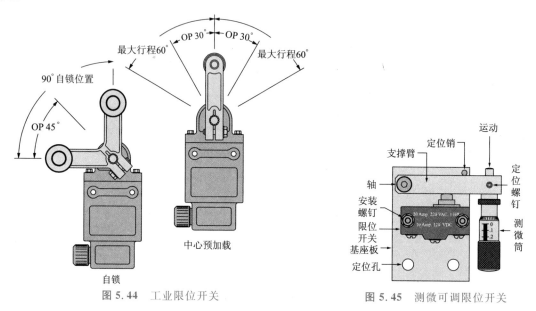

图 5.44　工业限位开关

图 5.45　测微可调限位开关

　　实际上,限位开关的应用范围很广,可以并且能够应用在各种不同的工作环境中。如图 5.47 示出了限位开关的几个基本应用示例。

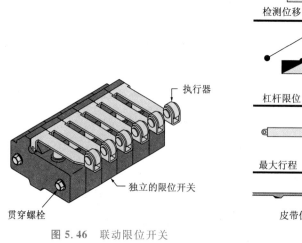

图 5.46　联动限位开关

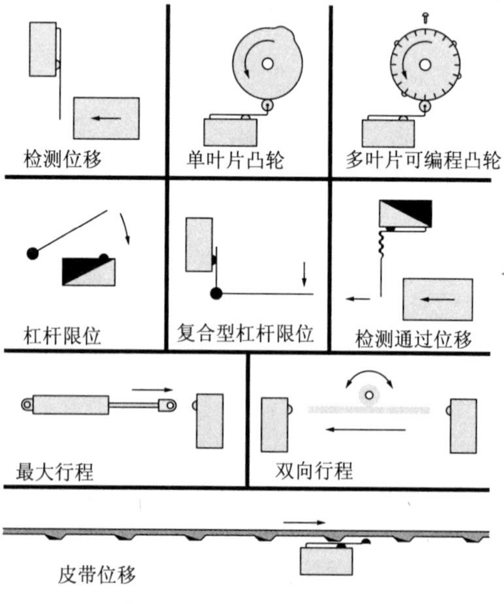

图 5.47　限位开关的应用

控制转矩最常见的一种方法是使用滑动离合器,滑动离合器的一个缺点是:当驱动器过载时没有显示。在一些应用中,过载的第一反应就是滑动离合器过热。为了解决这一问题,可以通过使用一个导向板和限位开关的方法来控制驱动电动机或者拉响警报,如图 5.48 所示。驱动杆反作用于导向板,两个拉伸弹簧将导向板压在一起,当转矩超过额定值时,驱动杆使导向板伸出,触动限位开关。可以通过选择不同额定值的弹簧来调整额定转矩的大小。

为了对长的传送带实施本地控制,使用限位开关的行程控制可以配置为如图 5.49 所示。丝杠随着电动机转动,同时驱动滑块(跟随器)左右移动。滑块接通或者切断限位开关,从而切断电动机电源。由此可以通过改变开关的相对位置来调整开关点的位置。转动驱动限位开关的微调螺杆就能够实现开关点位置的改变。

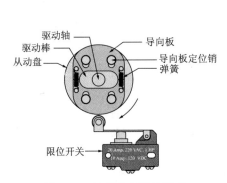

图 5.48 转矩检测限位开关

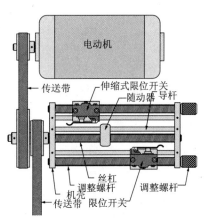

图 5.49 限位开关行程控制

复杂的旋转设备,如印刷机,在一个周期内要求各种各样的控制功能。在很多情况下,由于灰尘、拆卸机器备用空间、机器间隙、安装条件或诸如此类的其他原因,现场环境并不适合安装限位开关。这时,就可以使用桶状限位开关,如图 5.50 所示。限位开关可以被固定在一个安全、干净、容易接近的位置,开关所需的旋转信息由同步齿轮带提供,传送带驱动带有预编程凸轮的桶转动,从而交替地断开或者接通限位开关。

5.7 磁性开关

磁性开关是限位开关的一个变种,这类开关常见于安装在窗户上的报警传感器。磁性开关机构非常简单,因此其价格相对也很便宜。图 5.51 所示的开关是一个装在塑料盒内,带有触点和铁块的舌簧。当磁铁移动到某个位置时,由于磁力作用使舌簧下垂,从而使开关接通。由于磁性开关较轻,它通常用于小型电流设备,并且仅仅作为传感器使用。

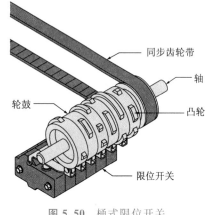

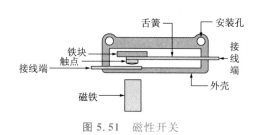

图 5.50　桶式限位开关　　　　　　　　图 5.51　磁性开关

 ## 5.8　水银开关

水银开关是一种跟重力作用有关的限位开关。这类开关的底部有一个盛放水银的空腔，顶部有两个接线端。当空腔的上下位置颠倒时，水银与接线端接触，于是开关处于接通状态。只要使开关的正面朝上放置，水银开关就会处于断开状态。图 5.52 所示是一个利用实验化学试管、橡胶塞和小黄铜棒制作的水银开关。

商用的水银开关通常为双掷型，它们结构紧凑，备有预先已接好的引线。水银开关常用于那些常见的老式家用自动调温器，该水银开关同两个金属线圈相连。当温度下降时，线圈使开关倾斜，触点处于接通状态。典型的商用水银开关如图 5.53 所示。

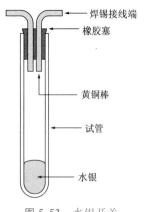

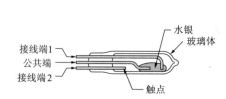

图 5.52　水银开关　　　　　图 5.53　商用双掷型水银开关

5.9 浮控开关

在工业应用领域,另外一个常见的要求是液位检测。为了满足液位检测的需求,需要各种不同型号的浮控开关。

图 5.54 示出了把一个普通的限位开关作为浮控开关使用的工作原理。支撑臂连接了一个杆和浮子,支撑臂的低位由定位销控制。当液面上升的时候,浮子提起支撑臂,然后触动限位开关。

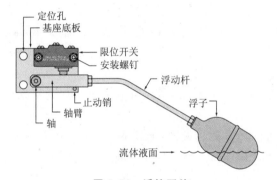

图 5.54 浮控开关

图 5.55 示出了一个简单的自由浮控开关。水银开关密封在一个橡胶囊内,可以通过导线自由悬挂。当流体液位上升时,橡胶囊向一侧倾斜浮动,水银开关处于接通状态。

图 5.56 所示为几种常见的浮控开关。这些直通式安装的开关用在水箱内,而开关只能从外部进行安装。浮子内带有磁铁,当浮子跟外壳内的磁性开关对齐时,就会触发磁性开关。可以将浮子安装在水箱的顶部或者底部,从而可使开关处于常闭或者常开状态。

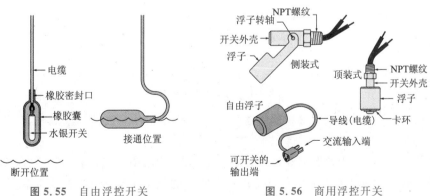

图 5.55 自由浮控开关　　　　图 5.56 商用浮控开关

　　顶端固定的浮控开关通常垂直安装,如图所示。浮控开关带动一个磁铁,当浮子处于外壳的顶部时,磁铁吸合接通外壳内部的磁性开关。通过翻转浮子,可以使开关处于常闭或常开的状态。

　　自由浮控开关在油箱中是很常见的。当液位上升到某一足够高的位置时,浮控开关接通泵,使油箱里的油排出;当液位下降到某一足够低的位置时,浮控开关断开泵。这些开关通常都带有可开关的交流电源插座,这使得它们很容易安装。

5.10　接触器

　　在大型电流设备中,使用手动开关是不切实际的。在小而易于操作的开关和大电流开关之间需要提供一个介质。除了要考虑电流以外,许多负载需要从远处开关。如果通过安装长的大负载电线来实现,就会既不实用又昂贵。实际上通常使用接触器来解决此类问题。

　　接触器由一系列大电流触点组成,这些触点由线圈驱动,从而起到开关的作用。通常情况下,线圈需要的是低电压、低电流信号,所以可以通过从远处引来的一根细线进行控制,由此大大提高了安全度。

　　图 5.57 示出了一个闸刀开关接触器,当线圈断电时,复位弹簧推动闸刀恢复到上端位置,接触器开关断开;当线圈通电时,闸刀被推向触点,接触器开关接通。

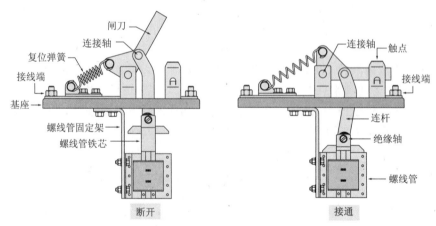

图 5.57　闸刀开关接触器

　　图 5.58 示出了一个基本接触器电路的原理图。控制开关仅控制线圈电源,主电源由大负载开关控制。

　　图 5.59 所示的商用接触器在许多种不同结构的电压和电流设备上都可以见到。通常商用接触器每极有高达 200A 的额定电流。一个四极的额定电流为 125A 的接触器,并联时可

以提供 500A 的关断性能,这些开关通常具有结构紧凑而价格低廉的封装。

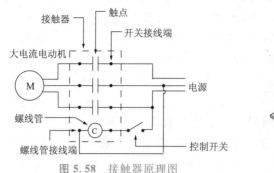

图 5.58 接触器原理图

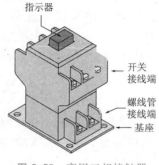

图 5.59 商用三相接触器

图 5.60 示出了一个商用开关的剖视图。这儿有一点请注意,图中的指示器也可以兼有手动控制功能,这对于维修保养工程师而言是相当有用的。

有些接触器还包含辅助触点,它使得控制过程相对更容易。图 5.61 所示举例说明了一组按钮如何通过一组辅助触点控制一个接触器的工作原理。

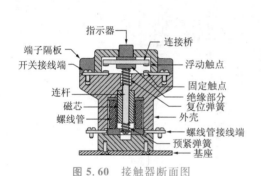

图 5.60 接触器断面图

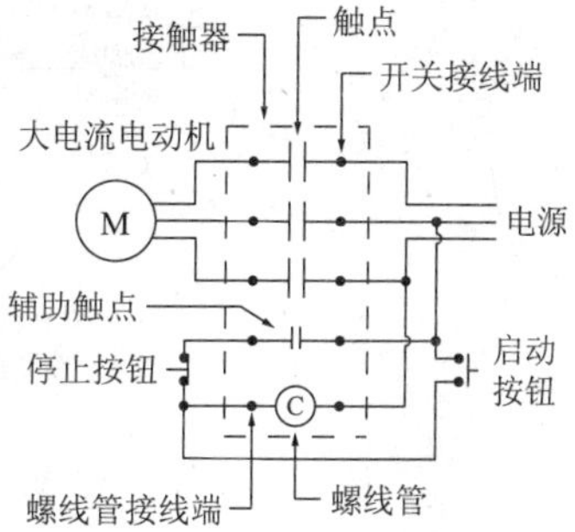

图 5.61 带有辅助触点的接触器原理图

带有两组辅助触点的商用开关如图 5.62 所示。对于标准接触器,辅助触点一般是可选项。

图 5.63 示出了一个基本的电动机控制器,它是一个使用接触器的例子。在该应用中,螺线管电压与线电压相匹配,并且在输出端承受过载。

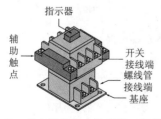

图 5.62 带有辅助触点的商用三相接触器

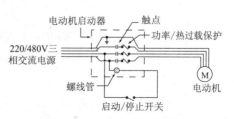

图 5.63 三相电动机控制器

为了更安全,控制螺线管的电路或者控制电路使用的电压会低于线电压。在这种情况下,接触器螺线管作为低压设备,同时在控制器上装有降压变压器。低压控制更安全,也更容易实现。图 5.64 所示为一个带有低压控制电路的电动机控制器原理图。图 5.65 示出了该电动机控制器的装配图。请注意,该控制变压器的输入和输出端都装有保险,这是因为控制电路作为一个独立的系统,需要同系统中的其他电路分开并分别进行保护。

图 5.66 和图 5.67 表明了当检测到某些不能令人满意的参数时,控制电路如何触发中断。回路中可以加载各种传感器,需要注意的一点是,低油压传感器是一个常开开关。在启动机器时,传感器信号应不予考虑,直到压力达到某个特定的值。启动开关就是用来实现这个功能的,它同各种传感器组成一个回路。

图 5.68 所示为带有运行/自动模式、传感器和故障指示灯的三相电动机控制电路。

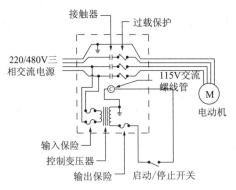

图 5.64　带有 120V 交流控制电路的三相电动机控制器原理图

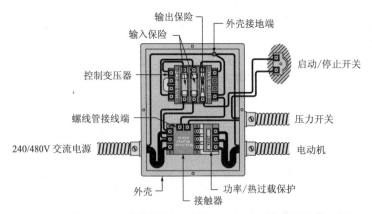

图 5.65　带有 120V 交流控制电路的三相电动机控制器的装配图

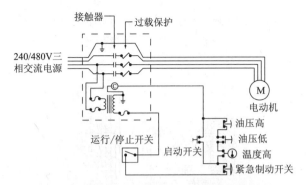

图 5.66 带有传感器回路的三相电动机控制器

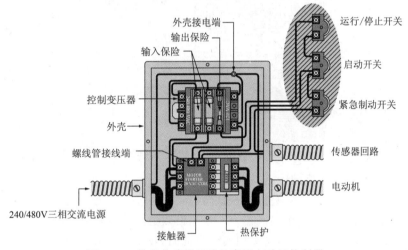

图 5.67 带有传感器回路的商用电动机控制器

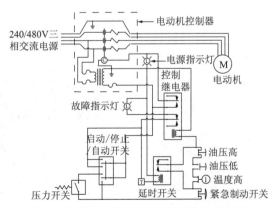

图 5.68 带有运行/自动模式、传感器和故障指示灯的三相电动机控制电路

图5.69所示为带有传感器回路、报警及自动运行功能的电动机控制电路。这个电路被设计成既可以实现连续操作,也可以自动控制,并且当传感器使系统关闭时,可以提供故障指示信息。

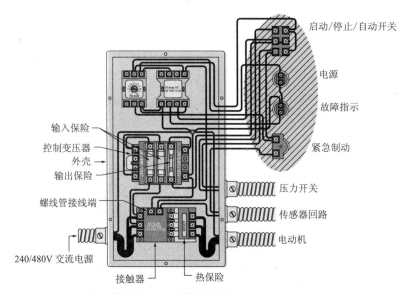

图5.69 带有传感器回路、报警及自动运行功能的电动机控制电路

此外,接触器还常用于换向电路。反接任意两根电线,就可以使三相电动机反转。通过使用两个并联的接触器可以很容易地实现该功能。第一正向接触器正常连接。第二反向接触器有两个触点交叉连接。两个接触器由一个单极双掷、中位切断开关控制。当控制开关接通正向接触器时,电动机正转。当开关切换到反向时,正向接触器断电,反向接触器接通,电动机反转。当接触器处于中间关断位置时,正反向接触器都断电。图5.70和图5.71示出了如何搭建一个简单的三相电动机可换向电路。

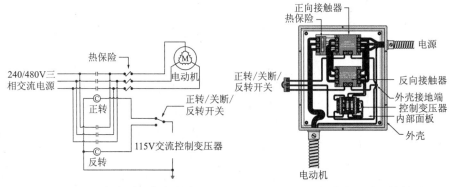

图5.70 三相电动机换向电路　　　　**图5.71** 三相换向电动机控制器

　　三角形/星形电动机控制器通常使用三个接触器,这样配置的目的是为了能够在低转矩模式下启动电动机,然后在高转矩模式下运行电动机,这对启动惯性载荷比较高的设备,如冲床等,是相当有用的。电动机通电时,启动器以星形的方式与电动机相连以产生低转矩特性。运行一段预定时间后,星形接触器断开,三角形接触器接通。控制器保持电动机以三角形方式运行,直到重新启动电动机为止。图 5.72 和图 5.73 所示就是三角形/星形电动机启动器的原理图。

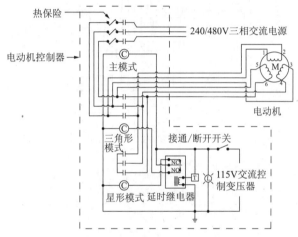

图 5.72　三角形/星形电动机控制原理图

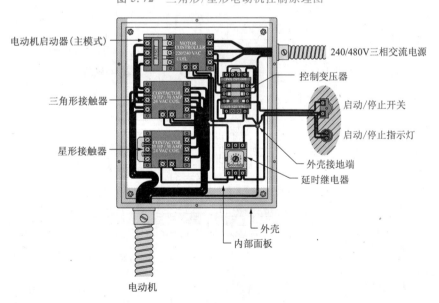

图 5.73　三角形/星形电动机控制器

通常由接触器控制的大型三相高阻熔炉,如图 5.74、图 5.75 所示。这些熔炉采用一组由接触器分别单独控制的电热元件。如原理图所示,接触器的控制电路同一个分段恒温器相接。

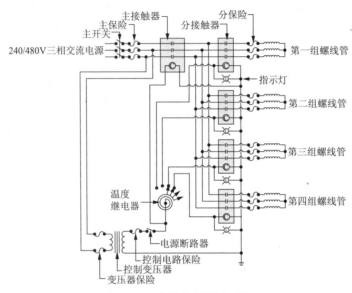

图 5.74 电炉控制器原理图

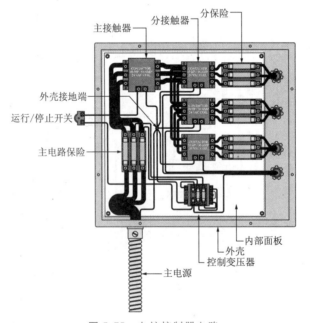

图 5.75 电炉控制器电路

5.11 继电器

继电器同接触器非常相似,经常用作高级开关。继电器一般都是一些多极双掷的器件,用来关断小电流电路。继电器广泛地应用于控制电路,几乎在所有的机电应用领域都有用武之地。

图 5.76 示出一个单极双掷的闸刀开关继电器。一定要特别注意,它同图 5.57 所示的闸刀开关继电器非常相似。其不同之处在于:当闸刀在向上的位置时触点接通。在这种方式下,继电器有一个常开端和一个常闭端。

图 5.77 示出了一个典型的双掷继电器。这种形式的继电器具有 8 个极,广泛地应用于各种装置。它们通常被封装在一个起保护作用的塑料容器内,这样可以使内部机构免受灰尘侵蚀。

板簧继电器主要应用于通信以及测试设备中。这种继电器与图 5.19 中所示的开关一样,不同之处在于:它用螺线管取代了开关。根据具体应用场合的不同,它们经常配置成多极型模式。图 5.78 所示为一个典型的商用板簧开关继电器。

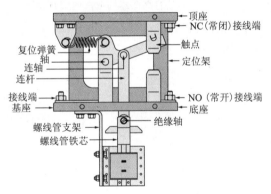

图 5.76 双掷闸刀开关继电器

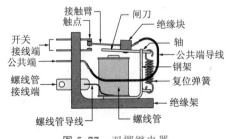

图 5.77 双掷继电器

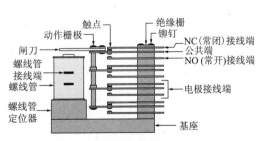

图 5.78 四极双掷板簧继电器

延时继电器在许多控制应用场合起到非常重要的作用。曾经有一段时间,气动延时系统控制了这个领域。图 5.79 表明把一个基本的闸刀开关继电器用作气动延时缸的工作原理。延时缸和限制活塞位移速度的针形阀装配在一起。当螺线管通电的时候,延时缸使开关动作减速,起到延时的作用;同理,当螺线管断电的时候也一样。

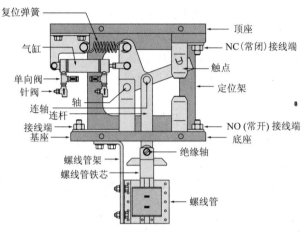

图 5.79 带有气动延时继电器的双掷闸刀开关继电器

图 5.80 示出了一个商用的气动延时继电器。大部分模块安装在一个使用标准限位开关和螺线管的框架上,唯一不同的为延时膜片。

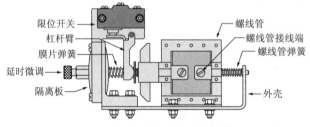

图 5.80 商用气动延时继电器

电动机安装、使用和维护

课前导读

　　电动机是电工技能中最重要的领域之一，掌握电动机的选用原则、工作原理、安装及运转方式、拆卸及装配技巧、故障排除和日常维护等知识，对于电工技术人员来说是非常重要的。

　　掌握电动机的选用原则，会识读电动机的铭牌，学会电动机的安装和验收方法，掌握电动机的拆卸和装配技巧，能够排除电动机的故障等。

学习目标

6.1 电动机的选用原则

知识点1 电动机类型的选择

电动机品种繁多,结构各异,分别适用于不同的场合,选择电动机时,首先应根据配套机械的负荷特性、安装位置、运行方式和使用环境等因素来选择,从技术和经济两方面进行综合考虑后确定选择什么类型的电动机。

对于无特殊变速调速要求的一般机械设备,可选用机械特性较硬的鼠笼式异步电动机。对于要求启动特性好,在不大范围内平滑调速的设备,一般应选用绕线式异步电动机。对于有特殊要求的设备,则选用特殊结构的电动机,如小型卷扬机、升降设备等,可选用锥形转子制动电动机。

知识点2 电动机容量(功率)的选择

电动机的功率应根据生产机械所需要的功率来选择,尽量使电动机在额定负载下运行。实践证明,电动机的负荷为额定负荷的 70%～100% 时效率最高。电动机的容量选择过大,就会出现"大马拉小车"现象,其输出机械功率不能得到充分利用,功率因数和效率都不高。电动机的容量选得过小,就会出现"小马拉大车"现象,造成电动机长期过载,使其绝缘因发热而损坏,甚至将电动机烧毁。一般来说,对于采用直接传动的电动机,容量以 1～1.1 倍负载功率为宜;对于采用皮带传动的电动机,容量以 1.05～1.15 倍负载功率为宜。

另外,在选择电动机时,还要考虑到配电变压器容量的大小。一般来说,直接启动时,最大一台电动机的功率不宜超过变压器容量的 30%。

知识点3 电动机转速的选择

应根据电动机所拖动机械的转速要求来选用转速相对应的电动机。

① 如果采用联轴器直接传动,电动机的额定转速应与生产机械的额定转速相同。

② 如果采用皮带传动,电动机的额定转速不应与生产机械的额定转速相差太多,其变速比一般不宜大于 3。

③ 如果生产机械的转速与电动机的转速相差很多,则可选择转速稍高于生产机械转速的电动机,再另配减速器,使二者都在各自的额定转速下运行。

在选择电动机的转速时,不宜选得过低,因为电动机的额定转速越低,极数越多,体积越大,价格越高。但高转速的电动机启动转矩小,启动电流大,电动机的轴承也容易磨损。因此在工农业生产上选用同步转速为 1500 r/min(四极)或 1000 r/min(六极)的电动机较多,这类电动机适用性强,功率因数和效率也较高。

 知识点4 电动机防护形式的选择

电动机的防护形式有开启式、防护式、封闭式和防爆式等,应根据电动机的工作环境进行选择。

① 开启式电动机内部的空气能与外界畅通,散热条件很好,但是它的带电部分和转动部分没有专门的保护,只能在干燥和清洁的工作环境下使用。

② 防护式电动机有防滴式、防溅式和网罩式等种类,可以防止一定方向内的水滴、水浆等落入电动机内部,虽然它的散热条件比开启式差,但应用比较广泛。

③ 封闭式电动机的机壳是完全封闭的,被广泛应用于灰尘多和湿气较大的场合。

④ 防爆式电动机的外壳具有严密密封结构和较高的机械强度,有爆炸性气体的场合应选用防爆式电动机。

 ## 6.2 选用电动机时应考虑的参数

 知识点1 额定机械功率

额定机械功率用马力(hp)或瓦特(W)来表示(1hp＝746W)。转矩与转速是决定输出机械功率的两个重要因素。转矩、转速与马力的关系可以通过一个基本方程来表示:

$$马力＝\frac{转矩×转速}{常数}$$

式中,转矩用 1b/ft 表示;转速用 r/min 表示;常数由转矩使用的单位决定。在此式中,常数为 5252。

输出同样的功率,电动机运行得越慢,提供的转矩就越大。功率等级相同时,为了承受更大的转矩,慢速运行的电动机组成部件要比高速运行电动机的部件耐用。所以,转速慢的电动机比同马力等级的快速电动机体积更大、更重、更贵。

知识点2 电 流

① 满载电流。在满载(满载力矩)时,期望电动机提供的电流叫做满载电流,也称作铭牌安培。电动机铭牌上的满载电流用来决定电路中过载感应元件的规格。

② 堵转电流。全电压启动时,期望电动机提供的电流叫做堵转电流,也称为启动浪涌电流。

③ 过载系数电流。当过载的百分比等于电动机铭牌上的过载系数时,电动机提供的电流叫做过载系数电流。例如,铭牌上标出的过载系数为 1.15,则过载系数电流为电动机可以长期无损工作的 115% 的正常工作电流。

知识点3 规范代号

NEMA 的规范代号用于计算电动机的堵转电流,单位为千伏安/马力(kV·A/hp)。过流保护设备的电流一定要高于电动机堵转电流,以保证当电动机启动时过流保护设备不会断开。按照字母顺序,代号从 A～V 排列,代表堵转电流的递增,见表 6.1。

$$LR 电流(单相电动机) = \frac{代码值 \times hp \times 577}{额定电压}$$

$$LR 电流(三相电动机) = \frac{代码值 \times hp \times 577}{额定电压}$$

表 6.1 堵转规范(kV·A/hp)

A	0～3.15	G	5.6～6.3
B	3.15～3.55	H	6.3～7.1
C	3.55～4.0	J	7.1～8.0
D	4.0～4.5	K	8.0～9.0
E	4.5～5.0	L	9.0～10.0
F	5.0～5.6	M	10.0～11.2

知识点4 设计代号

NEMA 把交流电动机分为 4 种标准型,分别使用字母 A,B,C,D 表示,用来满足不同电器负载的特殊要求。设计代号表示电动机的转矩、启动电流、转差等相关的特性。B 型是最常用的电动机,它的启动转矩相当高,启动电流适中。其他设计类型只在少部分特殊设备中使用。

 **知识点5　效　率**

电动机的效率是指输出机械功率与输入电功率之比,通常用百分数表示。电动机的输入功率等于传送给转轴的输出功率与电动机以发热形式损失的功率之和。电动机的功率损失如下。

① 铁心损耗。表示磁化铁心材料所需能量(磁滞损耗)和涡流损耗。

② 定子与转子电阻损耗。通过定子电阻(R)与转子绕组的电流(I)以热能 I^2R 的形式损失,通常称为铜损耗。

③ 机械损耗。包括电动机轴承的摩擦损耗与风扇的制冷损耗。

④ 杂散损耗。除去一次侧铜损、二次侧铜损、磁芯损耗、机械损耗所余下的损耗。杂散损耗主要是电动机带负载运行时产生的谐波损耗。谐波损耗包括谐波流过铜制绕组电流,铁心内的谐波磁通分量和叠片内的漏磁场产生的损耗。

 **知识点6　能效电动机**

能效电动机的效率为 75％～98％。由于使用了优质材料与技术,能效电动机使用能量很少,如图 6.1 所示,所以被称为能效电动机。能效电动机的效率要求必须等于或大于 MG-1 出版物中 NEMA 标准的额定满载效率。

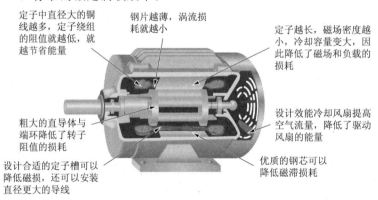

图 6.1　典型的能效电动机

 机座尺寸

电动机的机座尺寸多种多样,可以与不同的设备进行匹配。通常来讲,马力越高或者转速越低,机座尺寸就越大。为了使电动机工业更加标准化,NEMA 给出了某些电动机的标准机座尺寸。例如,机座尺寸为 56 的电动机,轴高一定要超过 3.5in 这个基本尺寸。

 频 率

这个频率是指交流电动机运行时线电压的频率。北美电动机要根据电源频率设计为 60Hz,然而,世界上的其他地方都是 50Hz。因此要保证电动机在 50Hz 或 60Hz 时仍然可以正常运行。例如,将三相频率从 50Hz 改为 60Hz,转子转速会提高 20%。

知识点9 满载转速

满载转速是指给电动机提供额定转矩或马力时,它的运行转速。例如,一个典型的四极电动机,运行频率为 60Hz,铭牌上的满载额定转速为 1725r/min,同步转速为 1800 r/min。

知识点10 负载要求

为电器选择正确电动机时必须要考虑负载的要求,尤其是需要对转速进行控制的设备。电动机控制负载时需要考虑的两个重要因素是转矩和与转速有关的马力。

① 恒转矩负载。恒转矩是指在转速变化的整个范围内负载是恒定的,如图 6.2 所示。当转速上升时,功率与转速变化成正比,但转矩始终恒定不变。典型的恒转矩设备如传送带、起重机与牵引装置。当转速增加时,功率与转速变化成正比,而转矩保持不变。例如,传送带负载在 5ft/min 或 50ft/min 时需要的转矩都是相同的。然而,功率需要同转速一同增加。

② 可变转矩负载。负载低速运行需要的转矩很低,转速变大时转矩变大(图 6.3),这种负载称为可变转矩负载。拥有可变转矩特性的负载有离心风扇、泵和吹风机等。为可变转矩负载选择电动机时,要以电动机在最大转速下运行时提供合适的转矩和马力为依据。

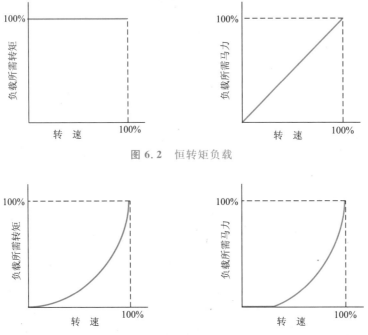

图 6.2 恒转矩负载

图 6.3 可变转矩负载

③ 恒马力负载。恒马力负载要求在低速运行时的转矩大,高速运行时的转矩小,无论在什么转速下运行,它的马力都不变(图 6.4)。车床就是这种设备。低速时,机械师使用大转矩进行重切削,等到高速时操作员完成切削,需要的转矩变小。

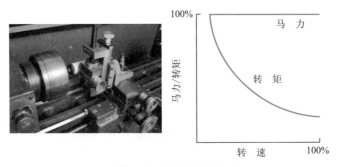

图 6.4 恒马力负载

④ 高惯性负载。惯性是指物体保持某种运动的趋势,如果物体静止就继续保持静止,如果物体运行就一直运行下去。高惯性负载是一种难于启动的负载。将负载启动并使之运行需要很大的转矩,但是当电动机正常工作时,就不需要那么大的转矩了。高惯性负载通常与用飞轮为运行提供能量的机器相连,这样的设备有大型风扇、吹风机、冲床、商业洗衣机。

知识点11 电动机的额定温度

电动机的绝缘系统使电气元件互相隔开,防止短路,不会使绕组烧毁或者发生故障。绝缘的主要敌人就是热量,所以熟悉不同电动机的额定温度是很重要的,可以保证电动机在安全温度下正常工作。

① 环境温度。环境温度是电动机在满载、持续工作时所在环境的最大安全温度。当电动机启动时,它的温度会升高,高于环境、室内和空气的温度。大多数电动机的标准环境温度等级是40℃(104°F)。然而这种温度标准只适用于正常温度的房间,对于一些特殊应用场合的电动机需要更高的抗温能力,例如,50℃或者60℃。

② 温升。温升是指电动机绕组从静止到满载工作时温度的变化值。由于引起温度升高的热量导致电气损耗与机械损耗,所以设计电动机时需要考虑这个因素。

③ 过热允许值。过热允许值是电动机绕组的测量温度与绕组内最热处的实际温度之差,通常在5~15℃,这由电动机结构决定。温升、过热允许值与环境温度三者的和一定不能超过额定的绝缘温度。

④ 绝缘等级。绝缘等级用字母表示,等级分类是根据在绝缘特性没有受到严重损坏时电动机所能承受的温度。

 知识点12 运行系数

运行系数用于衡量电动机满载运行的时间。电动机根据它的运行特点分为连续型与间断型。连续型是指在没有损害或者无使用寿命降低的情况下电动机能够运行的时间。通常情况都会选择使用连续型电动机。间断型是指电动机工作一段时间后断开,经冷却后再重启,如起重机与吊车的电动机常使用间断型。

知识点13 转 矩

电动机转矩是指使轴旋转的力。图6.5所示是转矩/转速曲线,说明了电动机各个运行阶段产生的转矩是如何变化的。

① 堵转转矩。堵转转矩(LRT)也称为启动转矩,是电动机全压启动时产生的转矩,此转矩可以克服电动机静止时的惯性。许多负载都需要比运行转矩大得多的转矩来使它们启动。

② 最低启动转矩。最低启动转矩(PUT)是指电动机从静止加速到正常运行转速期间所产生的最小转矩。如果电动机与负载的型号相配,最低启动转矩会很小。如果电动机的最低

启动转矩比负载需要的小,电动机就会因过热而停止。某些电动机没有最低启动转矩,因为转矩/转速曲线的最低点就是堵转点。在这种情况下,最低启动转矩就是堵转转矩。

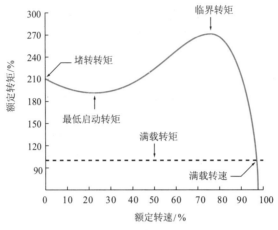

图 6.5　电动机转矩/转速曲线

③ 临界转矩。临界转矩(BDT)也称牵出转矩,是电动机运行时获得的最大转矩。典型感应电动机的临界转矩范围是满载转矩的 200%～300%。有些电器需要很高的临界转矩,才能在频繁出现过载的情况下运行,例如,传送带。通常传送带上摆放很多物体,超出了它的承受能力。临界转矩高可以使传送带继续在这种情况下运行,不会导致对电动机的热损害。

④ 满载转矩。满载转矩(FLT)是电动机在额定转速与功率下产生的转矩。若电动机一直在超过满载转矩的情况下工作,它的工作寿命会大打折扣。

知识点14　电动机外壳

电动机外壳为电动机提供保护。选择合适的外壳对电动机的安全运行十分重要。若使用不合适的电动机外壳会影响电动机的性能和寿命。电动机外壳主要分成两类,一类是开放式,一类是全封闭式,如图 6.6 所示。开放式电动机外壳有通风口,允许外部空气进入电动机绕组。全封闭式电动机外壳阻止内部与外部空气的交换,但也不能保证完全密不透风。

开放式与全封闭式的电动机外壳根据外形设计、绝缘类型、冷却方法的不同又可以进一步细分,最常见的类型如下。

① 开放防滴溅型电动机。开放防滴溅型(ODP)电动机是外壳开放式电动机,这种设计的通风口使从 0～15° 之间掉到电动机上的液滴与固体颗粒无法进入机器内。这是最常见的一种类型,用于无危害、相对干净的工业区域。

(a) 开放式外壳　　　　　　　(b) 全封闭式外壳

图 6.6　电动机外壳

　　② 全封闭风冷型电动机。全封闭风冷型(TEFC)电动机是外壳全封闭式的电动机,风扇与电动机相连,对设备进行外部冷却。这种设计适合在极湿、极脏或者布满灰尘的地方使用。

　　③ 全封闭不通风型电动机。全封闭不通风型(TENV)电动机通常都是一些小型电动机(低于 5hp),密封电动机的表面足够大,可以向外面辐射和输送热量,不需要外部风扇与气流。在风扇经常被纱布阻塞的纺织工业中,用这种电动机很有效。

　　④ 危险区域的电动机。危险区域的电动机外壳适用在有易燃易爆气体或灰尘的环境,或者可能出现这些情况的环境中。这种电动机需要保证内部出现的任何故障都不会使气体或者灰尘点燃。每个被批准用于危险环境中的电动机都有一个专用的 UL 铭牌。这个铭牌指示电动机是在级别 Ⅰ 还是级别 Ⅱ 区域工作。级别是指电动机工作环境中危险材料的物理特性。两个最常见的危险区域电动机为级别 Ⅰ(防爆型)与级别 Ⅱ(防尘阻燃型)。

　　防爆型适用于有易爆液体、蒸气与天然气的环境;防尘阻燃型适用于有易燃粉尘,像煤、稻谷或者面粉的环境中。有些电动机在两种区域中都可以工作。

6.3　识读电动机的铭牌

知识点1　铭牌记载事项

　　异步电动机的铭牌(图 6.7)上,记载下列事项。

　　① 额定输出。在额定输出功率 50kW 以下,可用额定有效输入替代额定输出来表示。

　　② 规格符号。表示依据标准规格的符号和编号。

　　③ 冷却方式的符号。在额定输出 37kW 以下,冷却方式为 JCO,JCN4 或 JC4 的场合,可以省略记载。

　　④ 形式。制造厂家给出的形式名称。

<table>
<tr><td colspan="6" align="center">三相异步电动机</td></tr>
<tr><td>输出</td><td>250kW</td><td>型号规格</td><td colspan="3">JEC-37-1979</td></tr>
<tr><td>保护方式</td><td>JP44</td><td>冷却方式</td><td colspan="3">JC6</td></tr>
<tr><td>形式</td><td></td><td></td><td></td><td></td><td></td></tr>
<tr><td>电压</td><td>3000V</td><td>电流</td><td>63A</td><td>频率</td><td>50Hz</td></tr>
<tr><td>转速</td><td>1470rpm</td><td>极速</td><td>4</td><td>额定</td><td>连续工作制</td></tr>
<tr><td>转子电压</td><td>500V</td><td>转子电流</td><td>305A</td><td></td><td></td></tr>
<tr><td>绝缘 定子</td><td>B</td><td>转子</td><td>F</td><td>冷却介质温度</td><td>25℃</td></tr>
<tr><td>标高</td><td>1200m</td><td>温升限度</td><td></td><td>定子 90℃</td><td>转子 110℃</td></tr>
<tr><td>制造编号</td><td></td><td></td><td></td><td></td><td></td></tr>
<tr><td colspan="6" align="center">制造厂家名称</td></tr>
</table>

图 6.7　电动机铭牌

⑤ 标高。在 1000m 以下的场合可省略。

⑥ 制造编号。制造厂家规定的编号。

⑦ 额定电流。指在额定输出时的定子电流的近似值。

⑧ 转子电流。指线绕式异步电动机在额定输出时的转子电流近似值。

⑨ 制造年份。在输出较小、大批量生产时,也可以省略。

⑩ 冷却介质温度。在冷却介质温度为 40℃ 时,也可以省略。

 知识点2 理解铭牌记载内容的预备知识

在铭牌上记有该电动机的特性、使用方法等,其每个文字、数字都有重要含义。因此,为了帮助读者更深入地理解铭牌记载内容,这里先说明预备知识。以图 6.8 所示的低压三相鼠笼式异步电动机为例。

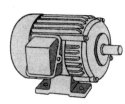

① 额定值。所谓额定值就是对所用异步电动机有保证的使用限度。在确定了输出的使用限度的同时,也规定了电压、转速、频率等,分别称为额定输出、额定电压、额定转速、额定频率等。

② 额定值的种类。额定值的种类有连续额定值和短时额定值。所谓连续额定值,是指在指定的条件下连续使用时,不超过标准规定的温升限度,也不超过其他限制的额定值;所谓短时额定值,是指从冷却

图 6.8　低压三相鼠笼
式异步电动机

状态开始在规定的短时间内和指定条件下使用时,不超过标准规定的温升限度,也不超过其他限制的额定值。

③ 额定电压。低压三相鼠笼式异步电动机的额定电压。

④ 额定频率。低压三相鼠笼式异步电动机的额定频率为 50Hz 或 60Hz 专用,或者 50Hz、60Hz 共用。

⑤ 额定输出。异步电动机的额定输出,是指在额定电压和额定频率下,异步电动机连续

从轴上产生的输出,以千瓦(kW)表示。通用低压三相鼠笼式异步电动机的额定输出(kW)为0.2,0.4,0.75,1.5,2.2,3.7,5.5,7.5,11,15,18.5,22,30,37(数值有小数是因为将从前以马力为输出的单位换算成千瓦的结果)。

　　⑥ 保护方式及冷却方式。低压三相鼠笼式异步电动机的保护方式有与人体和固体异物有关的保护形式;对水的浸入的保护形式;异步电动机的冷却方式有由冷却介质的种类决定的形式;由冷却介质通道和散热决定的形式;由冷却介质输送方式决定的形式。

　　⑦ 绝缘的种类与最高允许温度。异步电动机的绝缘种类按其构成材料的耐热特性,可分为 Y 种、A 种、E 种、B 种、F 种、H 种。异步电动机各种绝缘的最高温度不能超过表 6.2 列出的最高允许温度。

　　⑧ 低压三相鼠笼式异步电动机绝缘的种类。通用低压三相鼠笼式异步电动机绝缘的种类,随容量而有不同,一般采用 E 种绝缘、B 种绝缘为主,也有部分采用 F 种绝缘,见表 6.3。

表 6.2　异步电动机绝缘的种类与最高允许温度

绝缘的种类	最高允许温度
Y	90
A	105
E	120
B	130
F	155
H	180
200,220,250	200,220,250

表 6.3　低压三相鼠笼式异步电动机绝缘的种类

额定输出 /kW	种类 极数	保护式异步电动机			封闭式异步电动机		
		2极	4极	6极	2极	4极	6极
0.75		E种绝缘	E种绝缘	E种绝缘	E种绝缘	E种绝缘	E种绝缘
1.5		E	E	E	E	E	E
2.2		E	E	E	E	E	E
3.7		E	E	B种绝缘	E	E	B种绝缘
5.5		B种绝缘	B种绝缘	B	B种绝缘	B种绝缘	B
7.5		B	B	B	B	B	B
11		B	B	B	B	B	B
15		B	B	B	B	B	B
18.5		B	B	B	B	B	F种绝缘
22		B	B	F种绝缘	B	B	F
30		B	B	F	F种绝缘	F种绝缘	F
37		F种绝缘	F种绝缘	F	F	F	F

异步电动机绕组的温升是不同的,线圈绝缘、线圈间的连接或引出线的绝缘、线圈端部的支持物绝缘等部分相互间温升都有差别,因此没有必要将这些部分全用同一种绝缘。例如,在线圈绝缘采用 B 种绝缘的场合,即使引出导体的一部分使用 A 种绝缘也不会对运行特性、寿命有不好的影响,此时仍称此绕组的绝缘为 B 种绝缘。

⑨ 温升限度。根据绝缘的种类,异步电动机的最高允许温度是确定的,因此异步电动机各部分的温升限度都有规定,见表 6.4。所谓温升,是指当异步电动机在额定负荷下运行时,其各部分的测量温度与冷却介质(例如,空气)的温度之差。

表 6.4　空冷式异步电动机的温升限度

项	异步电动机部分	A种绝缘			E种绝缘			B种绝缘			F种绝缘			H种绝缘		
		温度计	电阻法	埋入温度计法	温度计	电阻法	埋入温度计法	温度计	电阻法	埋入温度计法	温度计	电阻法	埋入温度计法	温度计	电阻法	埋入温度计法
1	定子绕组	-	60	60	-	75	75	-	80	80	-	100	100	-	125	125
2	有绝缘的转子绕组	-	60		-	75		-	80		-	100		-	125	-
3	鼠笼式绕组	这部分的温度要保证在任何情况下都不会对邻近的绝缘物及其他材料造成损伤														
4	与绕组不接触的铁心或其他部分															
5	与绕组接触的铁心或其他部分	60	-	-	75	-	-	80	-	-	100	-	-	125	-	-
6	整流子与滑环	60	-	-	70	-	-	80	-	-	90	-	-	100	-	-
7	轴承(自冷式)	在表面测量为40℃;将温度计元件埋入轴承金属中测量为45℃;当使用耐热性良好的润滑剂时,在表面测量为55℃;但是,在采用水冷式轴承或特殊耐热润滑剂时,则与有关部门人员协商后确定														

6.4　电动机的安装

电动机是给/排水设备、空调设备、搬运设备等机械的动力源,如果安装得不好,就会产生异常振动,还会发出异常噪声,使寿命大为降低。

当在地面上安装电动机时,一般是先用混凝土构筑一个基础台,在其上装配底座,再将电动机固定其上。当电动机与所带动的机械是用联轴节直接连接时,可利用两者的联轴节进行直接找正,使得两轴的中心在一条直线上,如图 6.9 所示。

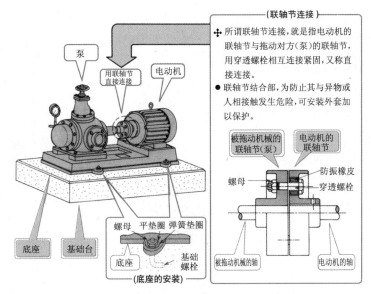

图 6.9　联轴节连接

知识点1　安装电动机的基础

安装电动机时,基础工事一定要坚固,要用埋入基础台中的基础螺栓把底座与基础台牢牢地固定在一起,如图 6.10 所示。如果基础工事和底座安装不好,电动机或被拖机械的振动就会严重,使安装的位置不吻合、基础台下沉,从而造成轴承或轴损坏。

知识点2　电动机的直接连接找正作业

电动机与被拖机械(例如,泵)用联轴节直接连接时,要利用电动机侧的联轴节与被拖机械侧的联轴节进行直接连接找正作业。

所谓电动机的直接连接找正作业,就是将电动机侧的联轴节与被拖机械侧的联轴节正确相对,使双方的轴中心一致,两联轴节的平行度和上下左右的中心(偏心)重合。

直接连接找正调整法如下所示:

① 在电动机与被拖机械的联轴节相连处安装千分表,测量平行度和偏心,并按规定(表 6.5)来调整直接连接精度。

② 直接连接精度可用在底座与电动机或被拖机械的安装座之间加垫板(衬垫)来调整,而后用安装螺栓固定。

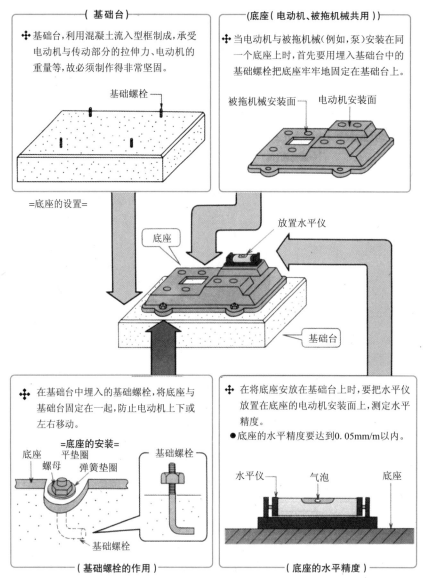

（基础台）

❖ 基础台,利用混凝土流入型框制成,承受电动机与传动部分的拉伸力、电动机的重量等,故必须制作得非常坚固。

基础螺栓

=底座的设置=

（底座（电动机、被拖机械共用））

❖ 当电动机与被拖机械(例如,泵)安装在同一个底座上时,首先要用埋入基础台中的基础螺栓把底座牢牢地固定在基础台上。

被拖机械安装面 电动机安装面

放置水平仪

底座

基础台

❖ 在基础台中埋入的基础螺栓,将底座与基础台固定在一起,防止电动机上下或左右移动。

=底座的安装=
底座 平垫圈
螺母 弹簧垫圈
基础螺栓

基础螺栓

（基础螺栓的作用）

❖ 在将底座安放在基础台上时,要把水平仪放置在底座的电动机安装面上,测定水平精度。

● 底座的水平精度要达到0.05mm/m以内。

水平仪 气泡 底座

（底座的水平精度）

图 6.10 安装电动机的基础工事

③ 直接连接精度的调整可先使电动机或被拖机械微动或者上下稍移,读出千分表的上下、左右各位置的读数(参看下页关于偏心、平行度的测量),调整到其相等为止。调整方法就是拧松安装螺栓,在电动机或被拖机械的安装座与底座的安装面之间加装垫板(衬垫),如图6.11所示。

表 6.5 直接连接精度

种 类	范 围	误差允许值(例)	
偏 心	高速(1000r/min 以上)机组	0.05mm 以下	
	低速和大型低速机组	0.08mm 以下	
平行度	—	不足 φ400 联轴节	φ400 以上联轴节
	高速(1000r/min 以上)机组	0.02mm	—
	低速和大型低速机组	0.03mm	0.04mm

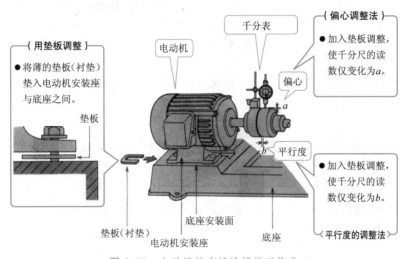

图 6.11 电动机的直接连接找正作业

 知识点3 电动机的直接连接精度的测量方法

由电动机直接连接找正决定的直接连接精度包括偏心和平行度,可以用千分表同时进行精密测量。

1. 偏心的精密测量法

偏心就是由于电动机联轴节与被拖机械联轴节的轴心不一致所造成的偏差。

偏心测量步骤如下,操作示意如图 6.12 所示。

① 在被拖机械联轴节 B 上安装千分表,使测量棒垂直于电动机联轴节 A 的外周。

② 拧入 1 根联轴节螺栓。

③ 使联轴节一起在上下、左右 4 个方位振动,读出表的读数。

④ 表读数的 1/2 就表示偏心。

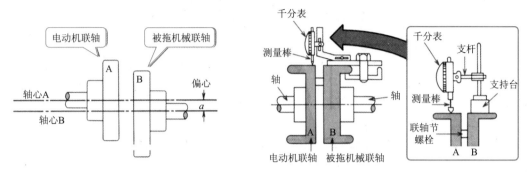

图 6.12　偏心的精密测量法

2. 平行度的精确测量方法

所谓平行度,是指电动机联轴节与被拖机械联轴节的端面,由于未完全平行而产生的误差角 θ。平行度也是指联轴节的相对面的上下间隙 b_1 与 b_2 之差。平行度测量步骤如下,操作示意图如图 6.13 所示。

① 在被拖机械联轴节 B 上安装千分表,再在电动机联轴节 A 上安装平行度测量用工具。

② 拧入 1 根联轴节螺栓。

③ 使联轴节一起在上下、左右 4 个方位振动,读出表的读数。

④ 表读数的 1/2 即表示平行度。

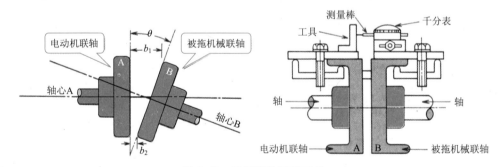

图 6.13　平行度的精确测量

知识点4　电动机端子盒内配线的连接工事

电动机与室内配线的连接在附属的接线端子盒内进行。电动机的出线与室内配线的连接作业说明如图 6.14 所示。电动机端子盒内配线连接作业步骤如下:

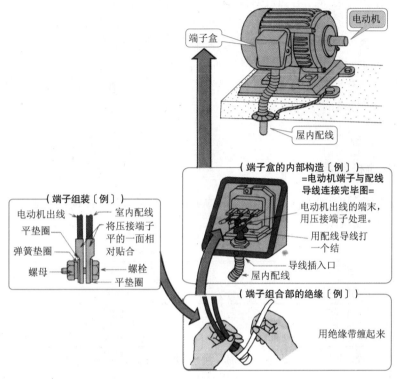

图 6.14　电动机的出线与室内配线的连接作业

① 取下电动机端子盒的盖子。

② 在室内配线的末端用压线端子进行压接连接。

③ 把室内配线的导线放入电动机端子盒的导线插入口,接通。

④ 将电动机出线端子与室内配线端子组装起来。

⑤ 将端子组合部包上绝缘(例如用绝缘带)。

⑥ 将端子组合部放在端子盒内。

⑦ 盖上电动机端子盒的盖子。

 知识点5 电动机安装场所的选定

电动机安装场所的选定应注意以下几点:

① 选择在干燥的场所。不在有滴水或因水管等泄漏而致湿气严重之处。

② 选择在通风良好的场所。避开窗户的空间小、机械类设备密集且间隙少的场所。

③ 选择在凉快的场所。电动机对周围温度有较大的影响,故应选在周围温度为 −20～40℃使用较好。超过上述温度的场所,不可使用标准形式的电动机。

④ 选择在灰尘少的清洁场所。在灰尘多的场所会使散热效果差,轴承或轴磨耗严重,故应避免灰尘在电动机内聚集。对保护型电动机,若有灰尘侵入内部,会使绝缘性能降低。

⑤ 选择在没有有毒气体流入的场所。特别是酸性气体(氯、亚硫酸气体等)会腐蚀铁,损坏绝缘。注意相邻机械的排气。

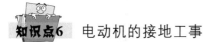

知识点6　电动机的接地工事

电动机的底座、定子机座等应与其使用的电压相适应,按 A 种接地工事、C 种接地工事、D 种接地工事进行施工,适用范围见表 6.6。

表 6.6　按电动机使用电压划分的适用接地工事

电动机类别	接地工事
300V 以下低压用	D 种接地工事
超过 300V 低压用	C 种接地工事
高压用	A 种接地工事

由于电动机的绝缘物同时又是电介质,故电动机与大地之间有电容存在。当没有接地时,定子机座与大地间与此电容成比例,会产生相当于电源电压 50%～60%左右的感应电压。

因此,为防止发生触电事故,对电动机必须按规定的接地工事施工。由于在电动机的端子盒或定子机座上已安有接地用螺栓,可以利用它们,如图 6.15 所示。接地线的最小粗细见表 6.7。

表 6.7　200V 三相异步电动机接地线的最小粗细

额定输出/kW	接地线粗细/mm²	额定输出/kW	接地线粗细/mm²
0.2	1.6	7.5	5.5
0.4	1.6	11	8
0.75	1.6	15	8
1.5	1.6	18.5	8
2.2	1.6	22	8
3.7	2.0	30	14
5.5	5.5	37	22

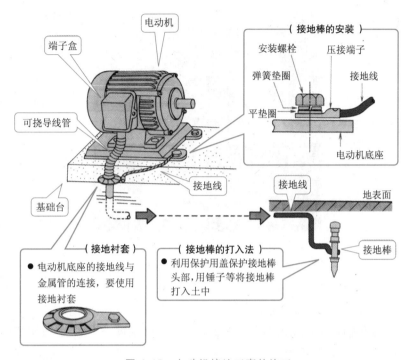

图 6.15 电动机接地工事的施工

知识点7 电动机与皮带连接负载对齐

电动机轴与负载轴若不在同一直线上,由于机械原因会导致出现不必要的震动与故障,会使电动机与负载过早地出现故障。有各种类型的校准装置用来使电动机与负载在一条直线上,如图 6.16 所示的激光准直仪。在电动机定位时,将薄铁片放在电动机下面也是校准过程的一部分。

直接驱动电动机,顾名思义,是直接给负载提供转矩与转速。电动机耦合是指电动机轴与设备轴之间的机械连接。电动机轴与驱动负载之间的直接耦合使转速比为 1:1。对于直接耦合的电动机,电动机轴与负载轴必须处于中心位置,以获得最大的工作效率。弹性耦合允许电动机与驱动负载有轻微的偏斜。

通过使用齿轮、滑轮、皮带使设备连接起来的耦合形式,可以获得与标准转速不同的转速。变速是通过调节齿轮的齿数比或滑轮直径实现的。电动机与负载相连,轴间的能量传递通常从高速/低转矩驱动轴到低速/高转矩负载轴。经常使用多条皮带来提高承载力。如果滑轮尺寸不同,则小的滑轮比大的滑轮转得快。改变导轮比只能改变转矩与转速,不能改变功率。下面的公式是用来计算皮带驱动系统的转速和滑轮的尺寸:

轴对齐　　　　　　　　　　皮带轮对齐

图 6.16　激光准直仪

$$\frac{电动机(r/min)}{设备(r/min)} = \frac{设备滑轮直径}{电动机滑轮直径}$$

　　丫型带是能量传输最常使用的皮带。底部平坦,两侧呈圆锥形,在两个皮带轮之间进行能量传输。在维护皮带驱动系统时,一定要检查皮带,看看张力是否合适,是否在一条直线上,如图 6.17 所示。皮带要足够紧,不能滑动。但是也不要太紧,否则会使电动机的轴承负担过大压力。皮带偏移应该在每英寸跨度 1/64in 左右。使用皮带张力计可以保证皮带张力适中。偏移是皮带最常出现的问题。两轴不平行造成角度错位,两轴平行但却不在一条中心线上造成平行错位。

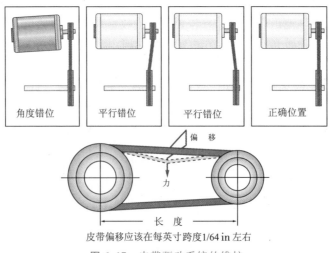

图 6.17　皮带驱动系统的维护

知识点8 电动机轴承的维护

电动机转轴通过轴承固定在端盖上,轴承为输出轴提供钢性支撑。电动机安装不同种类的轴承,通过适当润滑以阻止电动机轴金属之间的相互接触(图 6.18)。通常使用油脂或者石油做润滑剂。现在制造的大多数电动机都有密闭式轴承润滑剂。通过定期的检查,保证密封良好,检查轴承润滑剂是否用完。若安装的是旧电动机,需要定期润滑,这需要在制造商的建议下有计划地进行。

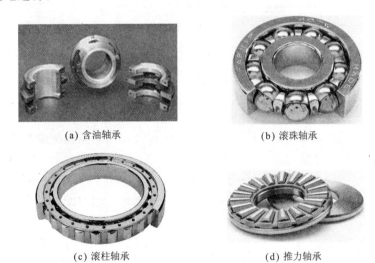

(a) 含油轴承   (b) 滚珠轴承

(c) 滚柱轴承   (d) 推力轴承

图 6.18　电动机轴承

① 含油轴承。含油轴承用于较小的轻型电动机,由青铜或黄铜的圆筒、油芯与储油槽构成。电动机轴在青铜或黄铜套管中旋转,通过储油槽中的吸油绳润滑,油从储油槽中被传递到套筒。大型电动机(200hp 和更大)通常安装分套筒轴承,分套筒轴承一半安装在电动机顶端,另一半安装在电动机底端。这些轴承通常使用马氏合金浇铸而成。套筒轴承安装在油罐、观察计、液位计与排水设备上。

② 滚珠轴承。滚珠轴承是一种最常见的轴承,可以支撑重型负荷。滚珠轴承负载的压力从轴承外圈转移到滚珠上,再从滚珠转移到轴承内圈。滚珠轴承分为三种不同的形式:永久润滑型、手工润滑型与小配件润滑型。如果不给轴承润滑会使电动机损坏,其原因是显而易见的,但给轴承涂过多油也会使它接触过于紧密,运行时过热,缩短使用寿命。过多的润滑剂会使电动机吸附灰尘,丧失绝缘功能,并且出现过热现象。

③ 滚柱轴承。滚柱轴承用于大型电动机带动带式负载。这种轴承的滚动体是滚柱,所以可以使负载压力延伸到更大的区域,比滚珠轴承承受的负荷大。

④ 推力轴承。推力轴承由两个推力圈及一组滚珠组成。滚珠可以承受比轴向力大的压力,用于安装在某些风扇与泵的叶片上。垂直安装电动机是使用推力轴承的典型设备。

6.5　电动机的配线工事

　电动机的配线

为供电给室内、室外装设的电动机,要从动力干线上引出分支线路,必须实施配线工事。电动机的配线包括金属管配线、电缆配线、合成树脂管配线、橡胶绝缘电缆配线等。电动机配线工事的种类如下:

① 金属管配线。金属管是指符合电气用品安全法要求的金属制管子(金属制可挠导线管除外),或者用黄铜或铜制作的坚固管子。所谓金属管配线是指将绝缘导线装于金属管内为电动机配线,如图 6.19 所示。

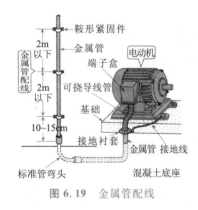

图 6.19　金属管配线

② 电缆配线。电缆包括乙烯包皮电缆、氯丁二烯包皮电缆、聚乙烯包皮电缆等。电缆配线就是用电缆供电给电动机的配线。

③ 合成树脂管配线。合成树脂管是指符合电气用品安全法的合成树脂制导线管、合成树脂制可挠管以及 CD管。合成树脂管配线,就是在合成树脂管内装有绝缘导线,将其作为向电动机供电的配线。

④ 橡胶绝缘电缆配线。橡胶绝缘电缆有乙烯橡胶绝缘电缆、氯丁二烯橡胶绝缘电缆等。橡胶绝缘电缆配线是利用橡胶绝缘电缆作为电动机配线的电缆。

　电动机的金属管配线

金属管配线的架设方法如图 6.20 所示。

① 导线。在金属管配线中,使用绝缘导线(直径超过 3.2mm 时,用绞线)。在金属管内,不要设置导线的连接点。为了保持电磁平衡,要把电动机主回路的导线全部装在同一条管子中。

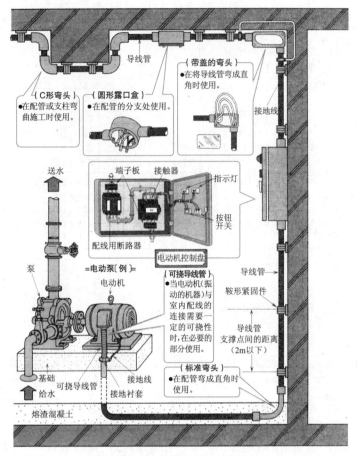

图 6.20 金属管配线的架设方法

② 金属管的敷设。金属管包括厚钢导线管、薄钢导线管、无螺旋导线管等。金属管的厚度,对埋入混凝土者为 1.2mm 以上,对其他的为 1mm 以上。为了不损伤导线的包皮,金属管的端口和内面要使用衬套等。所谓金属管的端口,就是金属管本体的前端。将同一粗细的绝缘导线装在同一管内时,其金属管的粗细可按表 6.8 来选定。

③ 金属管配线。金属管的施工要考虑美观,力求垂直或平行铺设;在金属管的方向或高度改变处,宜安装分线盒,以便于进行施工;对于墙面上安装的配管,在人容易触碰到的部分(2m 以下)使用鞍形固定件或没有尖锐突出部分的支撑件;在通道的地方,要避开在地面上配管,对于天花板上配管的场合,原则上包含支撑物在内安装高度要在 2.1m 以上,以防步行时有碰上的危险;金属管的端口要平滑,以免损伤导线的外皮,此外,在引入或更换导线时,为防损伤导线包皮,可使用衬套等。

表 6.8   金属管的粗细

导线的粗细		导线管的最小粗细(管的公称)											
单 线/mm²	绞 线/mm²	厚钢导线管				薄钢导线管				无螺纹导线管			
		导线根数											
		1	2	3	4	1	2	3	4	1	2	3	4
1.6		16	16	16	16	19	19	19	25	E19	E19	E19	E19
2.0		16	16	16	22	19	19	19	25	E19	E19	E19	E25
2.6	5.5	16	16	22	22	19	19	25	25	E19	E19	E25	E25
3.2	8	16	22	22	28	19	25	25	31	E19	E25	E25	E31
	14	16	22	28	28	19	25	31	31	E19	E25	E31	E31
	22	16	28	28	36	19	31	31	39	E19	E31	E31	E39
	38	22	36	36	42	25	39	51	51	E25	E39	E39	E51
	60	22	42	54	54	25	51	51	63	E25	E51	E51	E63
	100	28	54	54	70	31	63	63	75	E31	E63	E63	E63

 知识点3   电动机的电缆配线

电动机的电缆配线架设方法如图 6.21 所示。

① 电缆。在电缆配线中,使用乙烯包皮电缆、氯丁二烯包皮电缆、聚乙烯包皮电缆等。

② 电缆的架设。不要在承受重物压力或有严重机械冲击的场合架设电缆;在将某些电缆装于金属管、煤气铁管、合成树脂管中,受到适当保护处理时,不受此限;防护管的内径,要在电缆精加工外径的 1.5 倍以上;在屋侧或室外装设的防护管,其防护范围至少要达到在界内:距地面 1.5m 以下;在界外:距地面 2m 以下的地方;防护管的端口要平滑,以防电缆在引入或替换时包皮被损伤。

③ 电缆的支撑。架设电缆的支撑,使用适合该电缆的线夹、鞍形固定件或 U 形钉等,并且为防止损伤电缆一定要牢牢固定;在电缆外露的场合沿营造材架设时,支撑点间的距离可按表 6.9 所示确定。

表 6.9   支撑点间的距离

架设的情况	支撑点的距离	架设的情况	支撑点的距离
在营造材的侧面或下面沿水平方向架设时	1m以下	电缆相互之间以及电缆与箱盒及器具的连接处	由连接处开始0.3m以下
人有触碰的危险时	1m以下		
其他场合	2m以下		

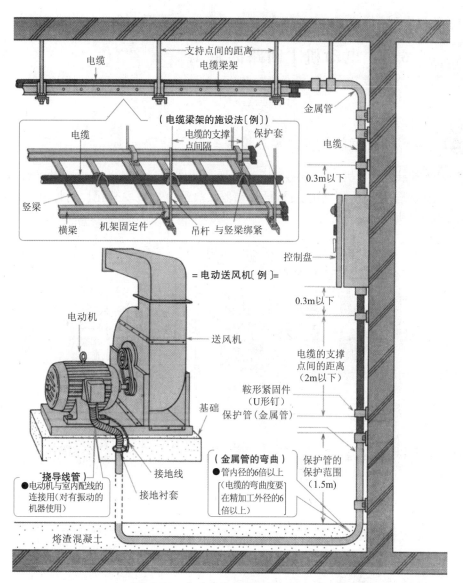

图 6.21 电动机的电缆配线架设方法

④ 电缆梁架的安装。电缆的梁架要具备能长久地承受电缆重量的结构,并且要安装坚固;敷设后的挠曲,通常不超过横梁上支承间距的 1/300;原则上电缆以分段安装为宜;当在电缆梁架上有电缆延长线时,要减少电缆的相互纠缠或交叉,力求整齐排列;当电缆梁架上安装有多条电路的电缆时,要在易见的位置设置每条电路的电路类别、使用电压及去向等标志。

6.6 电动机主回路的施工

知识点1 电动机主回路施工的实际接线图

图 6.22 所示为电动机主回路的实际施工图。此图表示将作为支路开关的配线用断路器、可逆式接触器(能使电动机正、反转的接触器)、热继电器等安装在控制盘内,利用金属管工事接线到驱动电动机的情况。

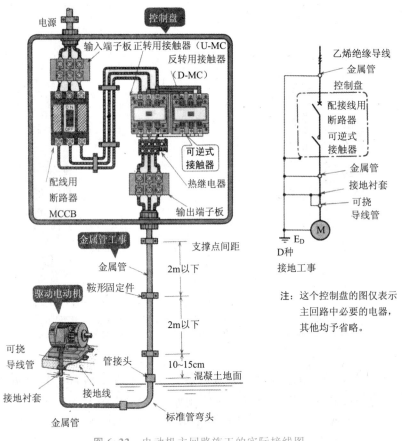

图 6.22 电动机主回路施工的实际接线图

知识点2 电动机正反转控制的主回路接线

使电动机正反转的方法如图 6.23 所示。电动机正反转控制的主回路接线如图 6.24 所示。

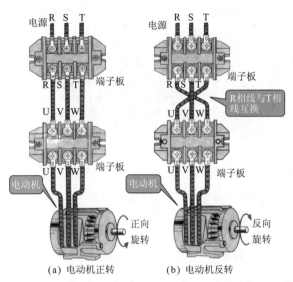

● 电动机的U、V、W相线与三相交流电源的R、S、T相线对应,当R与U、S与V、T与W相线连接时,电动机正向旋转。

● 三相交流电源R、S、T相线之中的任意两根相线,例如R相线与T相线互换,再与电动机相连,则电动机就反向旋转。

图 6.23 电动机正反转的方法

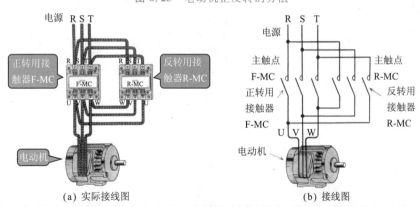

● 电动机的正反转控制中,使用正转用和反转用的两个接触器来切换与电动机相接的电源相线。

● 正转用接触器动作后,电源与电动机通过主触点F-MC,使R与U、S与V、T与W相线相连,电动机正向旋转。

● 反转用接触器动作后,电源与电动机通过主触点R-MC,使R与W、S与V、T与U相线相连,由于R与T相线互换,电动机反向旋转。

图 6.24 电动机正反转控制的主回路接线

知识点3 **电动机主回路接线的连接方法**

驱动设备用的电动机主回路的接线施工有多种方法。这里主要介绍与电动机的端子盒接线相连接的方法（一般设备驱动用电动机的情况）。

① 用 Ⅳ 线等导线作为接线时，电动机主回路接线的连接方法如图 6.25 所示。

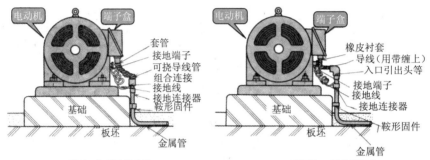

(a) 利用可挠导线管连接　　　　(b) 利用入口引出头连接

- 电动机的端子盒位置，从连接轴对面看是在电动机的右侧。
- 限于在干燥场所，可使用一种金属制可挠金属管。
- 在湿气多的场所或者有水汽的地方，要使用两种可挠导线管。

图 6.25　电动机主回路接线（用 Ⅳ 线等导线作为接线）

② 用电缆作为接线时。用电缆作为接线时，电动机主回路接线的连接方法如图 6.26 所示。

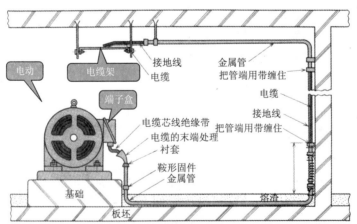

- 由于是室内设备，在不受水、灰尘影响的情况下，可不必在配管出口再做末端处理，只要把芯线用绝缘带包起来，接到电动机端子上就行。

图 6.26　电动机主回路接线（用电缆作为接线）

知识点4 **放置接线导体的方法**

主回路连接导线的放置,根据交流电各相线的不同按下列所示进行。

① 导线按上下顺序放置时。三相交流电路的导线从上往下按第一相线、第二相线、第三相线、中性线的次序放置,如图 6.27 所示。

② 导线按左右顺序放置时。三相交流电路的导线从左往右按第一相线、第二相线、第三相线、中性线的次序放置,如图 6.28 所示。

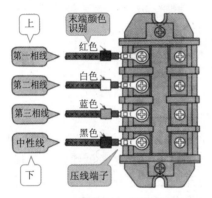

图 6.27　导线按上下顺序放置

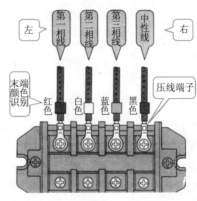

图 6.28　导线按左右顺序放置

③ 导线按远近顺序放置时。三相交流电路的导线从近往远按第一相线、第二相线、第三相线、中性线的次序放置,如图 6.29 所示。

④ 导线末端的颜色识别。导线末端的颜色识别见表 6.10。

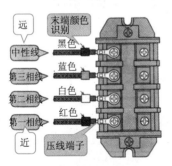

图 6.29　导线按远近顺序放置

表 6.10　导线末端的颜色识别

三相交流电路	末端颜色识别
第一相线	红　色
第二相线	白　色
第三相线	蓝　色
中性线	黑　色

接线导体的颜色区别,见于其末端的压线端子上带有不同颜色的乙烯绝缘条。可用简易方法实现:在导线末端缠上不同颜色的乙烯绝缘带即可。导线的末端颜色识别,主要在交流与直流的主回路中实施。

知识点5　在连接线末端压线连接的方法

压线连接不仅应用于电动机主回路,在一般电器接线中使用的导线末端都安有压线端子,使用特殊的工具(称作压线工具)进行压线,把端子与导线连接起来。

① 绝缘导线包皮的剥去方法。使用乙烯绝缘导线时,包皮的剥去方法如图 6.30 所示;导线包皮剥去的尺寸如图 6.31 所示。

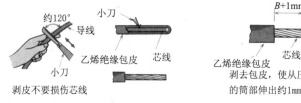

图 6.30　包皮的剥去方法

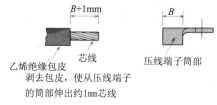

图 6.31　包皮剥去的尺寸

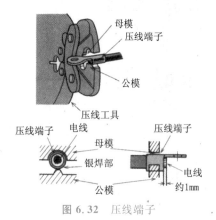

图 6.32　压线端子

② 压线连接的作业顺序。要根据连接导线的粗细,选择截面积与之合适的压线端子,如图 6.32 所示;把按规定长度剥去包皮的电线插入压线端子的筒部;使端子筒部的银焊部分与压线工具公模的牙部相接触;用双手握住压线工具的手柄压线,至手柄张开为止。

③ 压线工具的类别。手动工具(图 6.33),带有完成压线后不用张开手柄的棘轮机构;油压式手动工具(图 6.34),由手柄操作依靠泵传动,由于油压作用而得到较强的压力。

图 6.33　手动工具

图 6.34　油压式手动工具

知识点6　金属管的施工方法

金属管施工是指把金属管安装在建材上或埋入混凝土中,在管内装设绝缘导线。金属管施工不论在外露场所、隐蔽场所,干燥或有湿气、有水汽的场所等,都能进行。在金属管施工中为保护导线使用的钢制电线管,按管壁厚度分为薄钢电线管与厚钢电线管两类。

①　金属管施工。金属管的施工方法如图 6.35 所示。

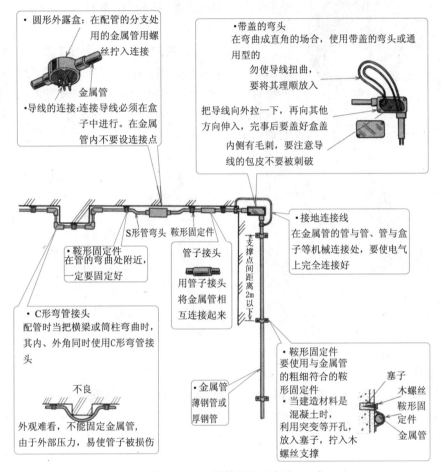

图 6.35　金属管的施工方法

②　金属管螺纹的切断方法。利用管线棘轮型螺纹切断工具的切断方法如图 6.36 所示。把管端伸出离老虎钳 10～15cm,不要使管子受伤将其固定好;将螺纹切断器插入管端,调整好导向,将切断器固定;用左手将板牙部分与管子压紧,用右手稍转手柄,使其进入 2、3 个螺纹牙;在要切的部分涂上油,将手柄往复搬动,按必要长度切断螺纹;切螺纹时要注意不要把螺纹牙弄破,同时将螺纹切断器反向转动,使其从管子上取下;用锉刀除去切口上的毛刺。

③　金属管的弯曲方法。用弯曲机弯细管的方法如图 6.37 所示。确定金属管弯曲的开始点与终点(此时,应计算出弯曲半径、弯曲长度);把符合管径的弯曲机竖立起来,在这里放

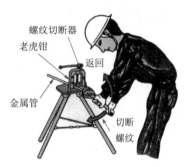

图 6.36 金属管螺纹的切断方法

好管子弯曲的开始点；用左手握住弯曲机的上端，用拇指按住管子，右手把住金属管，往前按使管子弯曲；把管子往前一点一点挪动，进行同样作业直至达到管子弯曲的终点，再退回。

④ 金属管的连接方法。用管子接头连接时如图 6.38 所示。给要连接双方的金属管切好螺纹；把管子接头拧到一根管上，这时要拧到管子接头的中央为止；把另一根管子从管子接头的另一端拧进，然后用管扳手或扁口钳等将它们固定好。

图 6.37 金属管的弯曲方法

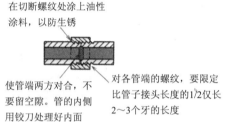

图 6.38 金属管的连接方法

 知识点7 控制盘的安装方法

把控制盘安装到墙壁上的方式，有露出安装、半露出安装、埋入安装。
① 露出安装。方块墙壁的场合如图 6.39 所示。

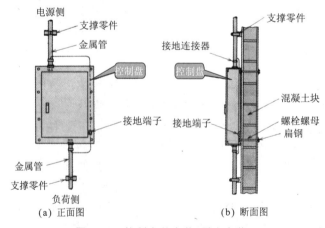

图 6.39 控制盘的安装（露出安装）

② 木造间壁的半露出安装。木造间壁的场合如图 6.40 所示。

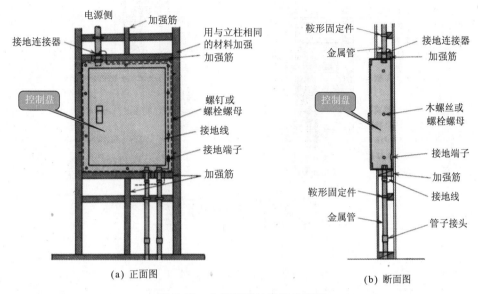

(a) 正面图　　　　　　(b) 断面图

图 6.40　木造间壁的半露出安装

③ 分量轻的间壁的半露出安装。分量轻的间壁的场合如图 6.41 所示。

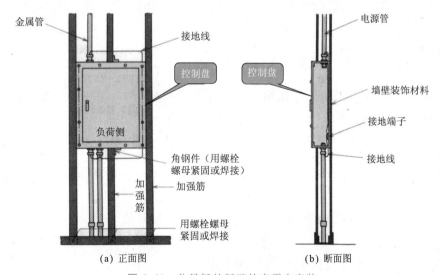

(a) 正面图　　　　　　(b) 断面图

图 6.41　分量轻的间壁的半露出安装

④ 埋入安装。混凝土墙的场合如图 6.42 所示。

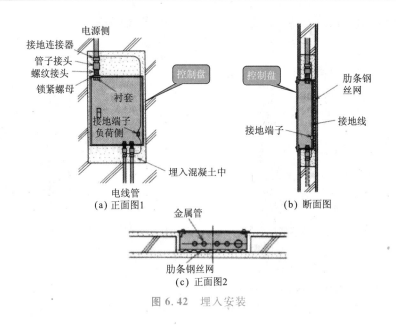

图 6.42　埋入安装

6.7　电动机与低压无功补偿电容器的安装

 知识点1 电容器为电动机单用而安装的情况

　　为改善功率因数而用的低压无功补偿电容器,原则上与电动机单个安装,如图 6.43 所示。低压无功补偿电容器,可利用身边的开关或其他相当电器,安装在负荷侧。当有电流表时,原则上由电流表的电源侧分支接入。由电动机支路分支到低压无功补偿电容器的这一段电路上,不要装设开关等电器。对于低压无功补偿电容器,希望使用带有放电电阻器的电容器。所谓放电电阻器,就是当把电容器从电源上断开后,把残留电荷放掉的电阻器。

 知识点2 电容器为电动机共用而安装的情况

　　改善功率因数用的低压无功补偿电容器,在不得已的情况下,可以安装为各电动机共用,如图 6.44 所示。低压无功补偿电容器要接在比身边开关更靠近电源侧,并且比引入口装置更靠近负荷侧。此时,低压无功补偿电容器是被接到干线的途中,或是接到电动机的支路的途中。对低压无功补偿电容器,在使用方便处要安装专用的开关(必要时用过电流断路器)和放电线圈或是附带其他适当放电装置的开关。这个开关,要本着"每天早上随电动机开始运行而投入,每天晚上随电动机运行停止而切断"的宗旨而设立。

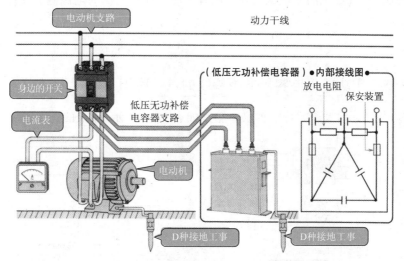

图 6.43 电容器为电动机单用而安装

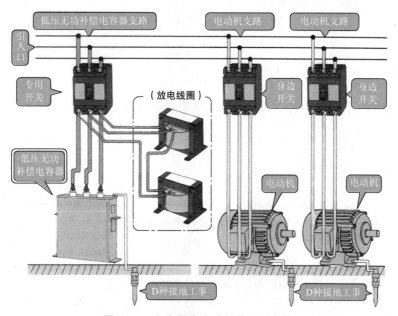

图 6.44 电容器为电动机共用而安装

知识点3 星形-三角形(Y-△)启动时的接线

Y-△启动异步电动机的低压无功补偿电容器要接在启动器的电源侧。其接线如图 6.45 所示。

知识点4 低压无功补偿电容器支路导线的最小粗细

低压无功补偿电容器支路导线的最小粗细如表 6.11 所示,导线的长度要超过 3m。

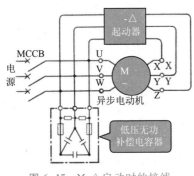

图 6.45 Y-△启动时的接线

表 6.11 低压无功补偿电容器
支路导线的最小粗细

电动机的额定输出(kW)以下	导线的最小粗细(铜线)			
	单相2线式		单相3线式	
	100V	200V	200V	400V
2.2	8mm²	2.0mm	1.6mm	1.6mm
3.7	14	5.5mm²	2.0	1.6
7.5	38	14	5.5mm²	2.0
15			14	5.5mm²
37			22	14

知识点5 使用低压无功补偿电容器的注意事项

① 室内安装低压无功补偿电容器时,要避开湿气严重的地方或有水汽的场所以及周围温度超过 40℃ 的场所,安装牢固。安装的场所要选在干燥处、通风良好的地方,避开有腐蚀性气体、灰尘多以及震动的场所。

② 低压无功补偿电容器的金属外壳,按 D 种接地工事(400V 级的,按 C 种接地工事)施工。

③ 低压无功补偿电容器安装在室外时,使用室外型电容器。

6.8 电动机的拆卸

电动机在拆卸前,要事先清洁和整理好场地,备齐拆装工具。还应做好标记,以便装配时各归原位。应做的标记有标出电源线在接线盒中的相序;标出联轴器或皮带轮与轴台的距离;标出端盖、轴承、轴承盖和机座的负荷端与非负荷端;标出机座在基础上的准确位置;标出绕组引出线在机座上的出口方向。

 知识点1 电动机的拆卸步骤

电动机的一般拆卸步骤如图 6.46 所示。

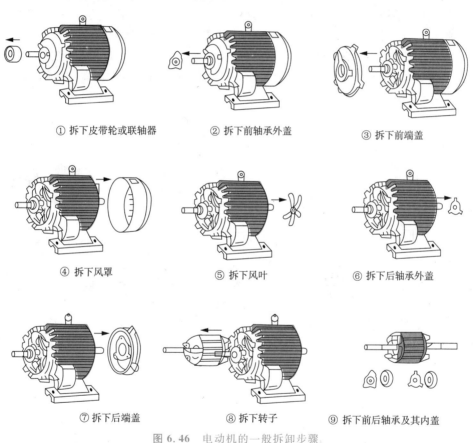

① 拆下皮带轮或联轴器　② 拆下前轴承外盖　③ 拆下前端盖

④ 拆下风罩　⑤ 拆下风叶　⑥ 拆下后轴承外盖

⑦ 拆下后端盖　⑧ 拆下转子　⑨ 拆下前后轴承及其内盖

图 6.46　电动机的一般拆卸步骤

 知识点2 电动机线头的拆卸

电动机线头的拆卸如图 6.47 所示。切断电源后拆下电动机的线头。每拆下一个线头,应随即用绝缘带包好,并把拆下的平垫圈、弹簧垫圈和螺母仍套到相应的接线桩头上,以免遗

失。如果电动机的开关较远,应在开关上挂"禁止合闸"的警告牌。

 知识点3 皮带轮或联轴器的拆卸

皮带轮或联轴器的拆卸如图6.48所示。首先用粉笔标出皮带轮或联轴器与轴配合的原位置,以备安装时按照原来位置装配[图6.48(a)]。然后装上拉具(拉具有两脚和三脚的两种),拉具的丝杆顶端要对准电动机轴的中心[图6.48(b)]。用扳手转丝杆,使皮带轮或联轴器慢慢地脱离转轴[图6.48(c)]。如果皮带轮或联轴器锈死或太紧,不易拉下来时,可在定位螺孔内注入螺栓松动剂[图6.48(d)],待数分钟后再拉。若仍拉不下来,可用喷灯将皮带轮或联轴器四周稍稍加热,使其膨胀时再拉出。注意加热的温度不宜太高,以防轴变形,拆卸过程中,手锤最好尽可能减少直接重重敲击皮带轮或联轴器的次数,以免皮带轮碎裂而损坏电机轴。

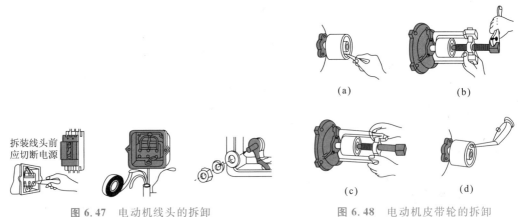

拆装线头前应切断电源

图 6.47 电动机线头的拆卸

图 6.48 电动机皮带轮的拆卸

 知识点4 轴承外盖和端盖的拆卸

轴承外盖和端盖的拆卸如图6.49所示。拆卸时先把轴承外盖的固定螺栓松下,并拆下轴承外盖,再松下端盖的紧固螺栓[图6.49(a)]。为了组装时便于对正,在端盖与机座的接缝处要做好标记,以免装错。然后,用锤子敲打端盖与机壳的接缝处,使其松动。接着用螺丝刀插入端盖紧固螺丝襻的根部,把端盖按对角线一先一后地向外扳撬。注意不要把螺丝刀插入电动机内,以免把线包撬伤[图6.49(b)]。

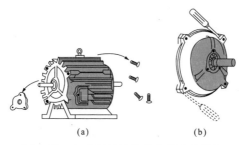

图 6.49　电动机轴承外盖和端盖的拆卸

(a)　　　　(b)

转子的拆卸

电动机的转子很重,拆卸时应注意不要碰伤定子绕组。对于绕线转子异步电动机,还要注意不要损伤集电环面和刷架等。

拆卸小型电动机的转子时,要一手握住转轴,把转子拉出一些,随后,用另一手托住转子铁心,渐渐往外移,如图 6.50 所示。

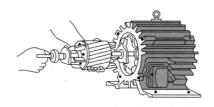

图 6.50　小型电动机转子的拆卸

对于大型电动机,转子较重,要用起重设备将转子吊出,如图 6.51 所示。先在转子轴上套好起重用的绳索[图 6.51(a)],然后用起重设备吊住转子慢慢移出[图 6.51(b)],待转子重心移到定子外面时,在转子轴下垫一支架,再将吊绳套在转子中间,继续将转子抽出[图 6.51(c)]。

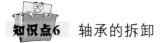

轴承的拆卸

电动机轴承的拆卸,首先用拉具拆卸。应根据轴承的大小,选好适宜的拉具,拉具的脚爪应紧扣在轴承的内圈上,拉具的丝杆顶点要对准转子轴的中心,扳转丝杆要慢,用力要均匀,如图 6.52 所示。

在拆卸电动机轴承时,也可用方铁棒或铜棒拆卸,在轴承的内圈垫上适当的铜棒,用手锤敲打铜棒,把轴承敲出,如图 6.53 所示。敲打时,要在轴承内圈四周的相对两侧轮流均匀敲打,不可偏敲一边,用力要均匀。

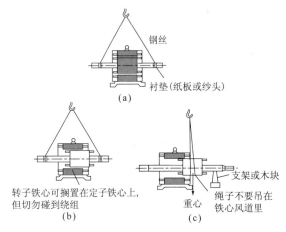

钢丝

衬垫(纸板或纱头)

(a)

转子铁心可搁置在定子铁心上,
但切勿碰到绕组

(b)

支架或木块

重心

绳子不要吊在
铁心风道里

(c)

图 6.51　大型电动机转子的拆卸

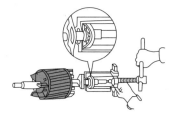

图 6.52　用拉具拆卸轴承

在拆卸电动机时,若轴承留在端盖轴承孔内,则应采用图 6.54 所示的方法拆卸。先将端盖止口面向上平稳放置,在端盖轴承孔四周垫上木板,但不能抵住轴承,然后用一根直径略小于轴承外沿的套筒,抵住轴承外圈,从上方用锤子将轴承敲出。

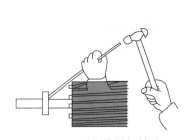

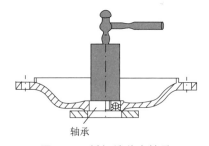

轴承

图 6.53　用铜棒拆卸轴承

图 6.54　拆卸端盖内轴承

6.9　电动机的装配

电动机的装配程序与拆卸时的程序相反。

知识点1　轴承的装配

装配前应检查轴承滚动件是否转动灵活而又不松旷。再检查轴承内圈与轴颈,外圈与端盖轴承座孔之间的配合情况和光洁度是否符合要求。在轴承中按其总容量的 1/3～2/3 加足润滑油,注意润滑油不要加得过多。将轴承内盖油槽加足润滑油,先套在轴上,然后再装轴承。为了使轴承内圈受力均匀,可用一根内径比转轴外径大而比轴承内圈外径略小的套筒抵住轴承内圈,将其敲打到位,如图 6.55(a) 所示。若找不到套筒,可用一根铜棒抵住轴承内圈,沿内圈圆周均匀敲打,使其到位,如图 6.55(b) 所示。如果轴承与轴颈配合过紧,不易敲打到位,可将轴承加热到 100℃ 左右,趁热迅速套上轴颈。安装轴承时,标号必须向外,以便下次更换时查对轴承型号。

 **知识点2** 端盖的装配

轴承装好后,再将后端盖装在轴上。电动机转轴较短的一端是后端,后端盖应装在这一端的轴承上。装配时,将转子竖直放置,使后端盖轴承孔对准轴承外圈套上,一边缓慢旋转后端盖,一边用木棰均匀敲击端盖的中央部位,直至后端盖到位为止,然后套上轴承外盖,旋紧轴承盖紧固螺钉,如图 6.56 所示。按拆卸时所作的标记,将转子送入定子内腔中,合上后端盖,按对角交替的顺序拧紧后端盖紧固螺丝。

参照后端盖的装配方法将前端盖装配到位。装配前先用螺丝刀清除机座和端盖止口上的杂物和锈斑,然后装到机座上,按对角交替顺序旋紧螺丝,如图 6.57 所示。

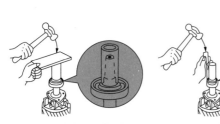
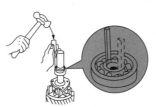

(a) 用套管抵住轴承敲打　　　(b) 用铜棒抵住轴承内圈敲打

图 6.55　轴承的装配　　　　　　　　　图 6.56　后端盖的装配

 知识点3 皮带轮或联轴器的装配

皮带轮或联轴器的装配如图 6.58 所示。首先用细砂纸把电机转轴的表面打磨光滑[图 6.58(a)]。然后对准键槽,把皮带轮或联轴器套在转轴上[图 6.58(b)]。用铁块垫在皮带轮或联轴器前端,然后用手锤适当敲击,从而使皮带轮或联轴器套进电动机轴上[图 6.58(c)]。再用铁板垫在键的前端轻轻敲打使键慢慢进入槽内[图 6.58(d)]。

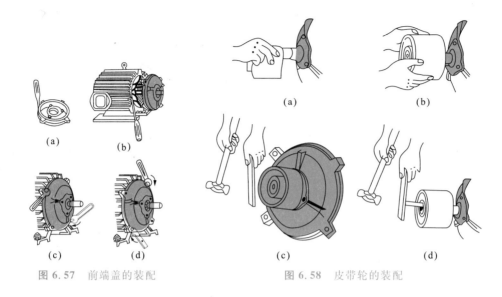

图 6.57   前端盖的装配   图 6.58   皮带轮的装配

6.10   小型电动机的维护

因为小型电动机在运行时通常很少发生故障,所以很容易被忽视。应该每年对小型电动机进行两次全面检查,以检测磨损状况,并排除可能导致发生进一步磨损的情况。必须特别关注电动机轴承、断流器及其他易损件;确保污垢及灰尘不会影响通风或造成活动件的堵卡。

知识点1   正确布线

当安装新电动机或把电动机从一个装置转换到另一装置上时,最好详细检查接线情况。确保使用规格型号能够满足要求的导线为电动机供电。在许多情况下,更换导线能预防发生更严重的损坏。正确布线有助于预防电动机过热,并降低电源成本。

知识点2   检查内部开关

通常,启动绕组开关很少出故障,但是定期排查会使它们有更长的使用寿命。定期排查包括用细砂纸清洁触点;确保转轴上操作启动绕组开关的滑动件能够自由移动;核验松动螺钉。

知识点3　检查负荷状态

定期核验从动负荷。有时机器内部会产生越来越大的摩擦，在电动机上形成过载，因此需要密切关注电动机温度。应使用有合适额定值的熔断器或过载开关为电动机提供保护。

 知识点4　润滑时需特别注意的问题

如果电动机的运行时间为通常运行时间的三倍，那么对润滑的关注程度也应该是平时的三倍。对电动机的润滑应该根据制造商的推荐进行。应该为电动机提供足够的润滑油，但也不要过量。

 知识点5　保持换向器的清洁

不要使直流电动机的换向器布满灰尘或油污。应该用一块洁净的干布或一块用溶剂润湿、不会留下薄膜的布进行不定期擦拭。如果必要的话，可以使用砂纸，可用0000号或更细的砂纸。

 知识点6　电动机的额定运行参数必须适当

有时，需要把电动机从一个工作场合搬到另一个工作场合，或者当电动机持续短时运行一段时间后，再继续操作机器。只要电动机在不同工况或在一个新的应用场合下运行，一定要确保它有合适的额定参数。电动机通常是根据间歇性负载进行标定的，当电动机短时运行时，其内部的温升不会过高。如果把一台电动机用于连续负载场合，将导致电动机过热，引起绝缘功能退化，甚至有可能烧毁电动机。

 知识点7　更换磨损的电刷

应该定期对电刷进行检查，如果必要的话可以更换。在检查时只要需要取出电刷，并确保再次装入时一定要装在轴上相同的位置即可，即电刷重新装入电动机时，电刷在电刷柄中的位置不能转向。由于与换向器配合的接触表面已经"磨损"，如果没有在相同位置更换接触面,将导致换向器产生大量火花,并引起功率损失。电刷自然磨损到其长度不足1/4in时,就该更换。拆除电刷时也应该检查换向器,相关内容请参见本章后续部分的"直流电动机故障"。

6.11　轴承的维护

知识点1　球轴承电动机

①危险信号。电动机与轴承之间的温差突然升高,表示轴承润滑油故障;温度高于润滑油的推荐使用温度,警示轴承的使用寿命降低,工作温度每提高25 ℉,润滑时间(寿命)减半;轴承噪声伴随着轴承温度的升高而增大,表示出现严重的轴承故障。

②球轴承润滑剂的主要作用。散发轴承组件之间相互摩擦所产生的热量;保护轴承组件免受灰尘或腐蚀的侵袭;为防止异物进入轴承提供最大保护。

③轴承故障原因。轴承中存在由不洁(内有杂质)润滑油或密封失效所致的异物;由于温度过高或污染而导致的润滑脂变质;轴承内润滑脂过多而导致轴承过热。

知识点2　套筒轴承电动机

套筒轴承电动机使用的润滑油必须能够提供把轴承表面和旋转轴组件完全隔离的油膜,在理论上消除金属与金属之间的直接接触。

1. 润滑油

润滑油,因为它的黏附特性及黏度或抗流动性,由电动机旋转轴带动,并在转轴和轴承之间形成一层楔形油膜。当转轴开始运转时,油膜便自动形成,并通过运动得以保持。正向运动在油膜上产生压力,该压力又反过来支撑负载。该楔形油膜是套筒轴承高效流体动力润滑的一种基本特性。如果没有它,电动机不仅不能拖动大负载,反而会导致大的摩擦损耗及轴承的全面破坏。当润滑剂有效并保持足够的油膜时,套筒轴承主要起到保持对正的导向作用。当油膜出现故障时,轴承作为一种安全装置,能防止损坏电动机转轴。

2. 润滑油的选择

润滑油的选择需要仔细考虑。所选润滑油要能够为轴承提供最有效的轴承软化,并且不需要频繁更换。好的润滑油是保证低维护费用的不可或缺的一个要素。推荐使用上等润滑油,因为它们是从纯石油中提炼出来的,对需要润滑的金属表面而言完全没有腐蚀性,同时不会有沉积物、灰尘或其他异物,在电动机内部的温度和湿度环境中也比较稳定。就性能而言,已经证明了高价润滑油的长期运行费用更低。

当电动机转轴在旋转时,将形成有多个相对滑动的分层或叠层的油膜。由于组成润滑油油膜的各个分层之间存在相对滑动作用,由此而产生的润滑油黏性(内摩擦)利用黏度来表示。针对特定工作场合选用的润滑油黏度应该保持充分的油性,以防止在油膜形成并达到工作温度以前,在环境温度、低转速、大载荷的影响下出现磨损及咬合。对于小于 1hp 的电动机,推荐使用低黏度润滑油。由于这种润滑油的内摩擦低,能使电动机实现较高的工作效率,并将轴承的工作温度降到最低。

3. 标准润滑油

环境温度及电动机工作温度很高,都会使轴承工作温度超出润滑油的容许温度范围,从而导致使用标准温度范围润滑油润滑的套筒轴承出现破坏性结果。这种破坏性结果包括润滑油黏度降低,润滑油中的腐蚀性氧化物含量增高,通常也会使与轴承表面接触的润滑油质量下降。但是,也有一些特殊润滑油能用于在高温或低温环境中工作的电动机。为电动机慎重选用在轴承工作温度范围内、牌号合适的润滑油,将对电动机性能及轴承的使用寿命产生决定性的影响。

4. 磨 损

尽管由于套筒轴承表面相对较软,能够吸收异物的硬颗粒,因而没有球轴承那样对异物敏感,但还是建议有可靠的维护保养程序,必须保持润滑油及轴承的洁净。润滑油更换的频率取决于现场工况,如工作的强度、连续性和温度等。合理的润滑油维护保养程序要求对润滑油油位进行定期检测和清洁,且需要每隔六个月补充一次新润滑油。

警告:避免轴承内的润滑油脂过多。在球轴承和套筒轴承电动机中,电动机内的润滑油过多将引起绝缘破坏,这也是导致电动机绕组绝缘失效的最为常见的原因之一。

变压器检测和检修

课前导读　　变压器是利用电磁感应的原理来改变交流电压的装置，主要构件是初级线圈、次级线圈和铁心。在电气设备和无线电路中，常用作升降电压、匹配阻抗、安全隔离等。

熟悉各种常用的变压器；理解变压器的温升和冷却，学会变压器匝间短路的检测；掌握隔离开关、断路器的维护检修方法，避雷器与高压交流负荷开关的维护检修方法，变压器与仪用互感器的维护检修方法。

学习目标

7.1 变压器温升和冷却

知识点1 温升和温度测量

变压器运行过程中,铁心中的铁耗、绕组中的铜耗,都变为热而使变压器温度上升,如图7.1(a)所示。变压器温度升高时,用于其中的绝缘物就会变质劣化,绝缘抗电强度、黏度、燃点都下降,因此变压器温度应不超过绝缘物的允许温度。

变压器温度测量是包括用电阻法测量绕组温度和用温度计法测量油和铁心温度。

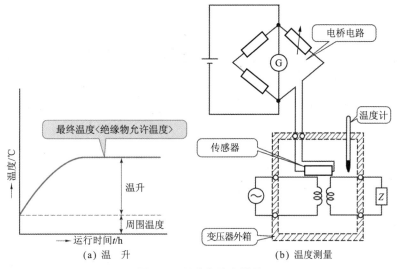

(a) 温　升　　　　　　　　　　　　　　(b) 温度测量

图 7.1　温升和温度测量

用电阻法测量绕组测试是用下式求得:

$$绕组温度\ t_2 = \frac{R_2 - R_1}{R_1}(235 + t_1) + t_1 (℃)$$

式中,t_1 为试验开始时变压器绕组的温度(℃);R_1 为 t_1 时变压器绕组的电阻(Ω);R_2 为温度 t_2 时同一绕组的电阻(Ω)。

图 7.1(b)所示为使用水银温度计或酒精温度计等温度计测量的场合。

还有,在大型变压器中用传感器来测量,它用电桥测量铜线的电阻值,如图 7.1 所示,由铜线电阻值可知温度。

用上述方式测量的温度上限应在表 7.1 所列值以下。

表 7.1　温升上限

变压器部位		温度测量方法	温升上限
绕　组		电阻法	55
油	本体内的油直接与大气接触	温度计法	50
	本体内的油不直接与大气接触		55

知识点2　冷却方法

为了使变压器长时间安全运行,必须把各部位温度降到规定限度以下,表 7.2 列出了变压器冷却方法和用途。

表 7.2　变压器的冷却方法和用途

分　类		冷却方法	用　途	
干式	自冷式	靠和周围空气自然对流和辐射把热散发出去	小容量变压器,测量用互感器	
	风冷式	用送风机强制周围空气循环	中型电力变压器,H 类绝缘变压器	
油浸式	自冷式	靠和周围空气自然对流和辐射把热散发出去	小型配电用柱上变压器	图 7.3(a),(b)
	风冷式	用送风机强制周围空气循环	中型以上电力变压器	图 7.3(c)
	水冷式	箱体内装有冷却水管,靠冷却水循环把油冷却	同上	图 7.3(d)
	强制油循环风冷式	箱体外装有冷却管,用泵把箱内的油打到箱外冷却管,形成强制油循环,箱外冷却管用送风机冷却	同上	图 7.3(e)
	强制油循环水冷式	箱体外装有冷却管,用泵把箱内的油打到箱外冷却管,形成强制油循环,箱外冷却管用冷却水冷却	同上	图 7.3(f)
充气式		使用化学稳定的碳氟化合物做冷却剂,利用液体的汽化热来冷却	同上	

知识点3 变压器油和油劣化的防止

变压器一般使用品质良好的矿物油,为了防止火灾,也可用不燃性合成绝缘油。变压器油除了把变压器本体浸没,使绕组绝缘变好以外,同时还有冷却作用,防止温度上升。变压器油需具备以下条件:

① 为了能起绝缘作用,耐电强度应高。

② 为了发挥对流冷却作用,油热膨胀系数要大,黏度要小,为了增加散热量,比热要大,凝固点要低。

③ 化学稳定,高温下也无化学反应。

油浸变压器中油的温度随负荷变化而升降,油不断进行膨胀和收缩,这使得变压器内的空气反复进出。因此,大气中的湿气会进入油中,不仅会引起耐电强度降低,而且和油面接触的空气中的氧气会使油氧化,从而形成泥状沉淀物。

为了防止上述油劣化,采用了图 7.2 所示的储油箱(俗称油枕),油膨胀和收缩引起的油面上下变化,只在储油箱内进行,油的污染变少,沉淀物可以排出清除。为了除去大气中的湿气,在储油箱上装有吸湿呼吸器,其内放入活性铝矾土吸湿剂。

套管
储油箱

图 7.2 储油箱

 7.2 变压器层间短路的检测

变压器的故障可以分为内部故障与外部故障,如图 7.3 所示。故障的表面现象及对策示于表 7.3。层间短路也叫局部短路,是变压器绕组层与层之间的绝缘破坏,使绕组短路所致。层间短路可以使变压器过热,甚至烧坏。

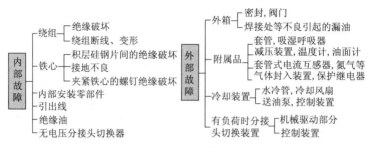

图 7.3　变压器的故障示例

表 7.3　小容量变压器的故障原因及对策

现象及原因		对　策
一般故障（大部分伴有烧损）	二次配线短路引起的烧损	安装容量适当的断路器,按颜色区别,配线要整齐
	过载引起的烧损	配置容量适合于负荷的变压器,安装双金属片式烧损防止器
	绝缘物老化引起的烧损	按计划定期维护可延长寿命
	绝缘油老化引起的烧损	更换新的绝缘油(可防止冷却效果及绝缘耐力降低)
	套管事故	保持套管清洁
	雷击引起的烧损	避雷器设备
局部短路	浸水	检查套管有无裂缝,铁板有无锈孔
	分接头不良	更换正确的分接头
	落下金属片等异物	切换分接头时及检查内部时防止工具坠落
	雷击	安装避雷器
断　线	过载	负荷管理
	绕组与引线之间断线	制造不良,应严格质量管理
	分接头或螺钉松动	充分紧固
	雷击	安装避雷器

知识点1　层间短路的检测

　　如果测量一台变压器的二次电流,有层间短路的变压器与正常的变压器大不相同。这是因为有层间短路的变压器在短路点流过的电流与励磁电流相加的缘故,因此变压器有无短路可以用二次电流的大小来判断,如图 7.4 所示。二次电流的频率特性示于图 7.5,可看出它与有无层间短路无关,在某个频率下电流为最小。

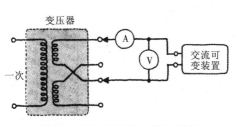

图 7.4 变压器励磁电流的测定

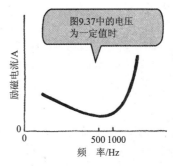

图 7.5 励磁电流的频率特性

 知识点2 判断有无层间短路

① 准备。将测试器的开关置于"局部短路"的位置。短接测试用的端子,按下判断按钮。如果红灯亮,蜂鸣器响;打开测试用的端子,如果红灯灭,蜂鸣器不响,说明功能正常。打开变压器的一次及二次断路器,可防止触电及高空作业时出现坠落事故。环境黑暗时应准备作业照明。

② 测定。将测试引线接到变压器的二次侧,测试器的切换开关置于"局部短路"的位置,按下判断按钮。如果红灯亮,蜂鸣器响就是层间短路,否则就是没有层间短路。所加的电压是 10V、400Hz,判断是否合格的基准电流是 0.5A。

 知识点3 判断是否断线及测量绝缘电阻

在变压器绕组的"断线"中,有导线完全断开的,有即将断开的,也有因接触不良使接触电阻增大的,都必须检测出来。

把测试电压加在一次侧或二次侧的端子,过 10s 后根据电流的大小自动计算出直流电阻是否达到 500Ω 以上。达到 500Ω 以上即可判断为断线,此时红灯亮,蜂鸣器响。

此外,绝缘电阻也是判断变压器好坏的重要因素。在 30~100MΩ 的范围就是"良好",在刻度盘的绿色区显示。

如果变压器的绝缘电阻很低,应使用 1000V 或 2000V 的绝缘电阻计,以提高判断的精度。

7.3   隔离开关、断路器的维护检修

知识点1   隔离开关的检修

隔离开关是在额定电压下仅能接通或脱离带电线路,而不能进行负荷电流下开关的电器。

1. 隔离开关的老化原因

隔离开关的老化现象表现为在发生灾害、事故之前出现一些预兆,如与发热有关的出现变色、热浪;此外,与开关不良有关则有手动操作时,操作太沉重等。因此,在发生事故前必须检查,掌握这些现象并采取适当的措施。老化进展机理如图 7.6 所示。

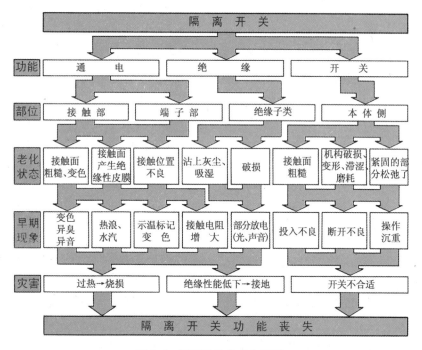

图 7.6   隔离开关的老化原因

2. 隔离开关的维护检修

隔离开关由于其接触部分和主要机构部分暴露在空气中,受外部环境影响,在长期使用后其开关动作功能及通电性能都会出现毛病。因此,为了保持隔离开关的性能,及早地发现可能产生毛病的所在以防发生事故,进行有效的维护检修是非常重要的,如图7.7所示。发现有异常情况时,停止运行,调查分析发生的原因。

① 隔离开关的开、关操作。合闸操作。将钩棒的钩子插入刀片的钩孔中,对准刀片与接触片的中心方位,稳当投入,合闸后要注意安全止动销的插入情况;拉闸操作,用钩棒将刀片稍拉一下,若无异常就使其安稳地处于正常的开断位置(此操作称作两步切除操作)。

② 推荐隔离开关的更新年限。隔离开关在对其部分元件修理或更换之后,还可以继续使用。但若机构整体发生松动、其功能不能发挥,就应全部更新。推荐更新年限为开始使用后 20 年或操作 1000 次后。

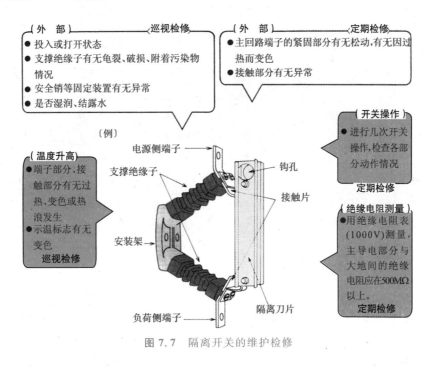

图 7.7 隔离开关的维护检修

 知识点2 真空断路器的检修

断路器是一种不但能对正常状态的电路进行开、关,而且对于异常状态,特别是短路状态的电路也能进行开、关的装置。

　　近来,在高压自用受变电设备的主断路装置的断路器中,由于具有安全、经济(体积小、重量轻)等优点,真空断路器被广泛采用。真空断路器是将电路的开断安排在高真空的容器(真空室)内,使一对触点断开的断路器。

1. 真空断路器老化的主要原因

　　真空断路器的老化,除受使用的外部环境(周围温度、湿度、空气等)很大影响外,也会受使用的电路发生短路或接地时的影响,一般说来其老化的进展机理如图 7.8 所示。

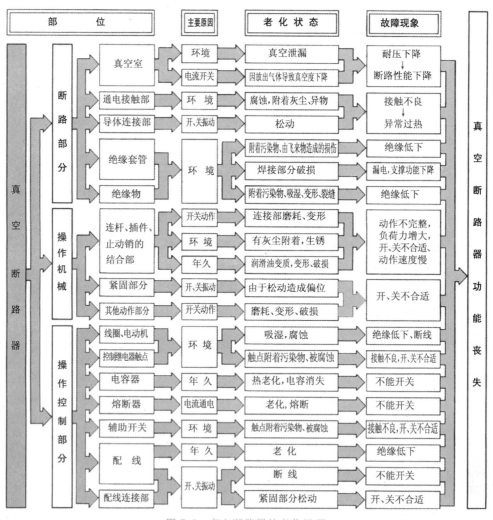

图 7.8　真空断路器的老化机理

2. 真空断路器的维护检修

为了能对真空断路器的日常维护检修恪尽职守,要很好地掌握断路器的额定数据、特性等,以选择其最佳状态来使用,同时又可尽早发现其有毛病的地方,以防患于未然。为此,必须进行日常和定期的维护检修,如图 7.9 所示。

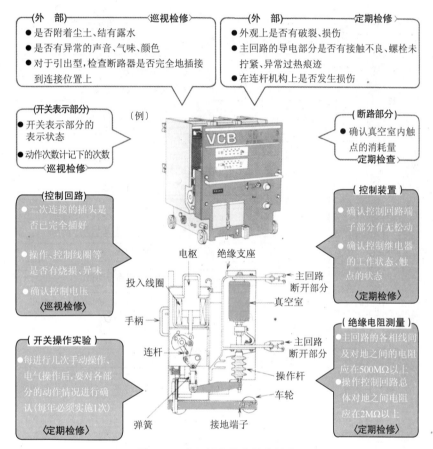

图 7.9　真空断路器的维护检修

3. 断路器的推荐更换年限

断路器虽可对其一部分器件进行修理或更换后再继续使用,但若机构全部发生松动而不能满足使用功能时,就必须更换新的。

推荐更换年限为使用过 20 年或已到规定的开关次数。所谓规定的开关次数是指制造厂的产品目录上推荐的机械的、电气的开关寿命次数。

知识点3 断路器的故障分析

断路器的故障分析如图 7.10 所示。

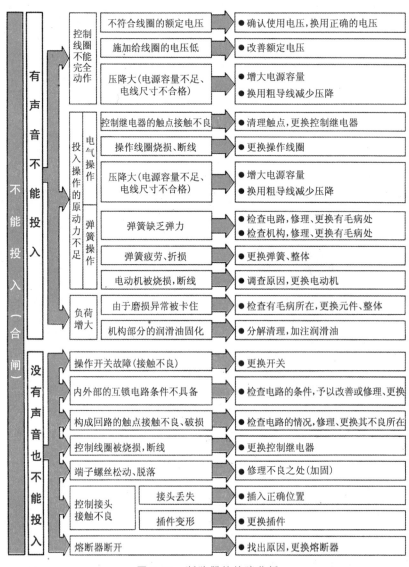

图 7.10　断路器的故障分析

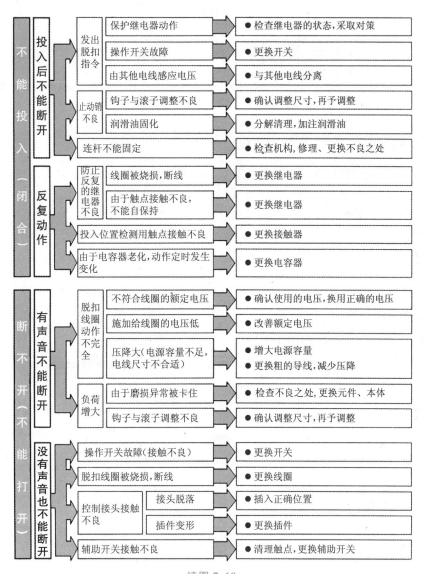

续图 7.10

7.4 避雷器与高压交流负荷开关的维护检修

知识点1 避雷器的老化原因

避雷器(LA)是一种具有下列功能的装置,即能将由于雷击或电路开关造成的冲击过电压所致电流入地,从而限制过电压保护电气设备绝缘,并且在短时间内断开续流,使电路的正常状态不受干扰,恢复原状。

避雷器的作用是当线路上受到巨雷浪涌等造成的过电压侵入时,其串联间隙放电,使浪涌电流流入大地。由于特性元件的非线性电阻体的作用,使避雷器的端电压限制为低值从而保护了电气设备。

1. 避雷器老化的主要原因

避雷器老化的主要原因示于图 7.11。

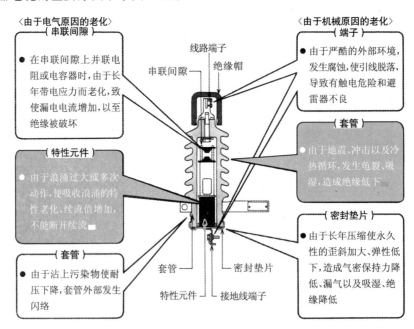

图 7.11 避雷器老化的主要原因

2. 避雷器的老化进展机理

根据具有串联间隙的避雷器在电气方面、机械方面产生老化的主要原因,其各部分产生异常及造成的损害或事故如图 7.12 所示。

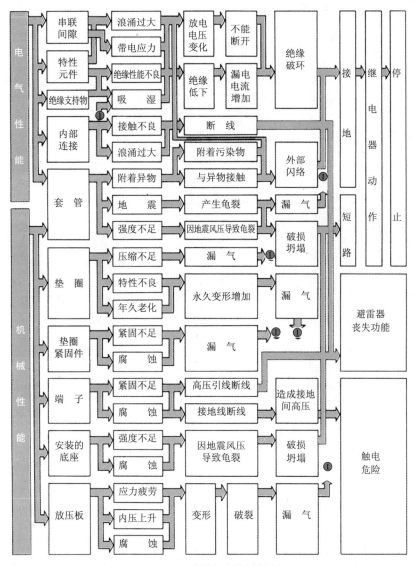

图 7.12 避雷器的老化进展机理

3. 避雷器的维护检修

由于避雷器是静止的电器,且其动作也较少,因此在设置以后常出现放置在那里不进行维护检修的情况,以至因受使用环境和条件影响,密封构造长年老化,导致破坏发生。因此,平时应进行适当的维护检修,如图 7.13 所示。

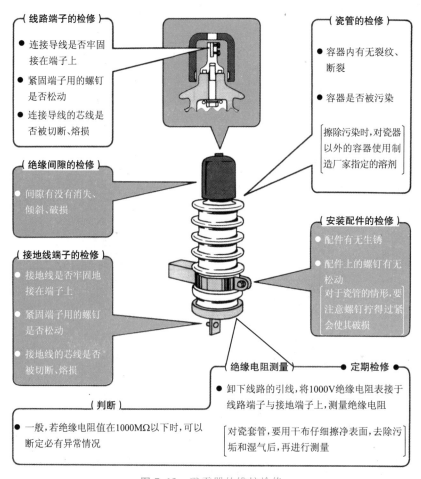

(线路端子的检修)
- 连接导线是否牢固接在端子上
- 紧固端子用的螺钉是否松动
- 连接导线的芯线是否被切断、熔损

(瓷管的检修)
- 容器内有无裂纹、断裂
- 容器是否被污染

擦除污染时,对瓷器以外的容器使用制造厂家指定的溶剂

(绝缘间隙的检修)
- 间隙有没有消失、倾斜、破损

(安装配件的检修)
- 配件有无生锈
- 配件上的螺钉有无松动

对于瓷管的情形,要注意螺钉拧得过紧会使其破损

(接地线端子的检修)
- 接地线是否牢固地接在端子上
- 紧固端子用的螺钉是否松动
- 接地线的芯线是否被切断、熔损

(绝缘电阻测量) ● **定期检修**
- 卸下线路的引线,将1000V绝缘电阻表接于线路端子与接地端子上,测量绝缘电阻

对瓷套管,要用干布仔细擦净表面,去除污垢和湿气后,再进行测量

(判断)
- 一般,若绝缘电阻值在1000MΩ以下时,可以断定必有异常情况

图 7.13　避雷器的维护检修

 知识点2　避雷器的推荐更换年限

根据以上所述避雷器的维护检修内容,以其可能产生老化为前提,推荐避雷器的更换年限为开始使用后的第 15 年。

知识点3 高压交流负荷开关的老化原因

高压交流负荷开关是一种在高压交流电路中使用的电器,它在正常状态下能断开、接通所规定的电流并使电路通电,还能在此电路的短路状态和异常电流下投入,在规定的时间内通电。

高压交流负荷开关有室内型与室外型之分。室内型用作高压受变电设备的主断路装置、变压器、电容器的开关;而室外型则作为保安责任分界点上的区间开关等使用。

作为高压交流负荷开关老化的主要原因,有因为温度、空气等外部环境影响使构成的元件老化的机械原因,以及由于电流通电所致应力影响而老化的电气原因见表7.4。

表 7.4　高压交流负荷开关老化的主要原因

电气原因所致老化		机械原因所致老化	
部　件	主要原因	部　件	主要原因
操作线圈	热循环差	外箱	腐蚀
绝缘支撑物、杆棒	绝缘表面老化、漏电	衬垫	老化,永久变形
辅助开关	接触不良,触点磨耗	绝缘套管、支撑绝缘子	打雷、台风、鸟害等外部原因
整流器	耐压不足	插件	生锈
电阻器	热循环差	弹簧	生锈
灭弧罩	因吸湿致使绝缘降低	轴承	生锈、磨耗

1. 高压交流空气负荷开关老化示例

主回路的触点由于受空气中的水分、氧气、尘埃、腐蚀性气体等影响,表面的电镀层及母材表面被氧化腐蚀,使接触电阻增大,导致通电发热严重而逐渐老化。

消弧室是利用断开电流时产生的电弧热,使消弧材料受热分解,利用此时产生的气体来灭弧,因此,消弧室是被消耗、老化的。

2. 高压交流负荷开关的推荐更换年限

室内用为开始使用后15年或开、关负荷电流200次后;室外用为开始使用后10年或开、关负荷电流200次后;带GR的开关的控制装置为开始使用后10年。

知识点4   高压交流负荷开关的维护检修

高压交流负荷开关的结构及其在电线杆上的连接如图 7.14 所示。

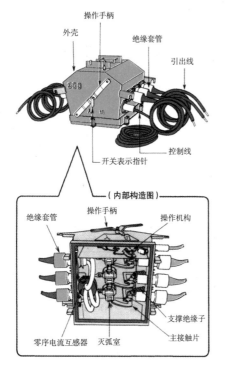

(a)   高压交流负荷开关的结构   (b)   高压交流负荷开关在电线杆上的连接

图 7.14   高压交流负荷开关的结构及其在电线杆的连接

1. 外壳部分的检修

① 是否生锈。轻微生锈还是中度生锈？用砂纸等除锈，涂油漆。对生锈厉害的，恐伤及防水性能，故应更换整个开关。

② 是否有异常变形。发生异常变形，是因为受到来自外部的强烈打击和内部异常致使压力上升的影响，应仔细进行检修。

③ 手柄或指针是否生锈、变形、破损。对生锈者，用砂纸除锈，涂油漆。若影响到开关操作，则与制造厂家协商解决。

④ 安装状态是否良好。

⑤ 衬垫是否龟裂、老化。

⑥ 手柄部及指针部分的防水性能是否良好。

2. 绝缘套管部分的检修

① 绝缘套管上有无龟裂、损伤。

② 有无灰尘及污染物等附着。对污染严重处用汽油等洗净。

③ 引出线有无损伤。

④ 绝缘子固定件有无生锈。生锈轻微者,用砂纸等除锈,涂油漆。

3. 接触部分、灭弧室的检修

① 灭弧室内有无龟裂、异常变形。

② 灭弧室的可动接触插入口有无异常消耗。

③ 接触部有无异常变形、消耗、过热变色。

④ 接触片是否处在消弧室的中心位置。对可动部分加注润滑油。若接触面上因电弧烧伤严重,则与制造厂家协商解决。

4. 确认开关表示指针

用操作手柄进行几次开关操作,观察指针是否在正常位置。

5. 操作机构部分的检修

① 开关操作能否平滑进行。进行几次开关操作,检查是否有异常。手柄的负重为100～300N,若因开关操作致使手柄负重非常沉重,或感到异常时,可更换开关或与制造厂家协商解决。

② 拉绳有无异常。在拉绳挂在配件和电器上的场合,为防止手柄负重导致开关操作障碍,可直接进行改正。拉绳若被切断,应予更换。勿使拉绳与跨接线等相触碰。

③ 螺栓、螺母之类有无松动、脱落。将松动者拧紧;对脱落者,重新安装拧紧。

④ 机构部分有无破损,止动销插有无异常。

⑤ 锥形销、开口销是否正常,有无脱落。

⑥ 开关次数有没有超过规定值。超过规定值时,应予更换。

6. 控制线的检修

控制箱中的控制回路、控制线有否异常。

7. 测量绝缘电阻

① 用1000V绝缘电阻表测量主回路的绝缘电阻。

② 测量要在干燥状态下进行,要把控制回路端子一起接地。

③ 主回路与大地之间绝缘电阻要在100MΩ以上。

④ 不同相线的主回路之间绝缘电阻要在 100MΩ 以上。

⑤ 同一相线的主回路之间绝缘电阻要在 100MΩ 以上。

7.5 变压器与仪用互感器的维护检修

 知识点1 变压器的老化

属于高压自用受变电设备的变压器,其作用是把 6.6kV 的受电电压变成 105V 或 210V 的低压。变压器中历来广泛使用的有油浸变压器和干式变压器。油浸变压器是将铁心和绕组浸在绝缘油中,靠此绝缘油提供电气绝缘并进行冷却。

1. 变压器老化的主要原因

变压器的年久老化,主要是构成绕组的导体绝缘以及绕组间的绝缘物等老化所致,主要原因如图 7.15 所示。

图 7.15 变压器老化的主要原因

变压器老化的原因,综合因素比单纯因素导致的情况更多,其中影响较大者有因热导致的老化,进而在吸湿的场合或存在氧气的场合更会产生热老化。

绝缘油的老化原因与吸收空气中的水分及混入杂质有关,但最主要的原因是氧化作用。由于与空气接触,绝缘油被氧化,致使变压器温度升高,由于铜、铁等接触作用及绝缘漆熔化等而促进老化。

2. 变压器的老化特征值

变压器的温度-寿命曲线、油温-绝缘电阻曲线、介质损失角正切(tanδ)-油温曲线、绝缘油总酸值-年份曲线如图 7.16～图 7.19 所示。

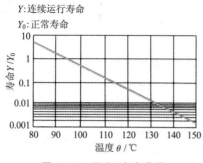

图 7.16　温度-寿命曲线

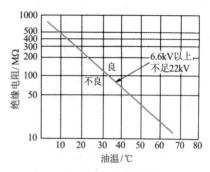

图 7.17　油温-绝缘电阻曲线

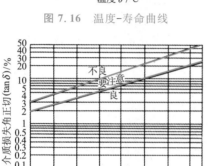

图 7.18　介质损失角正切(tanδ)-
油温曲线

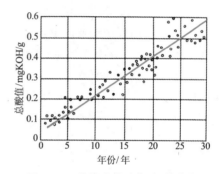

图 7.19　绝缘油总酸值-年份曲线

3. 变压器绝缘油老化的判断标准

变压器绝缘油老化的判断方法有测量总酸值、体积电阻率、介质损失角正切(tanδ)、绝缘破坏电压等法,其判断的标准值如表 7.5～表 7.7 所示。绝缘破坏电压希望达到 30kV 以上。

表 7.5　总酸值判断　(mgKOH/g)

正　常	未超过 0.3
再生、更换	0.3～0.5
立即再生、更换	超过 0.5

表 7.6　体积电阻率(50℃)　($\Omega \cdot cm$)

良　好	超过 1×10^{12}
要注意	1×10^{11}～1×10^{12}
不　良	未达到 1×10^{11}

表 7.7　介质损失角正切(tanδ)　(％)

良　好	未超过 1.25
有疑问	1.25～5.0
必须作更精密的检查	超过 5.0

知识点2 变压器的维护检修

变压器从开始运行以后就要进行维护检修。通常,要掌握住其运行状态,这很重要。鉴于维护检修得恰当与否,对运行的可靠性和寿命有影响,故应对检修内容、周期作出定期计划。

1. 日常维修

① 运行状况。确认、记录电压、电流、频率、功率因数、环境温度(有异常值指示)。

② 检查绝缘油。确认有否漏油;确认油面位置(有异常值指示)。

③ 检查声音、振动。确认是否有异常声音发生。所谓异常音是指较高的铁心(励磁)声音、振动、共振、铁心高频振动及放电声音等。

④ 检查外观。端子部有无异常;瓷管、元件有没有损坏、脱落;是否有放电痕迹;有没有生锈;有没有小动物留下的痕迹。

⑤ 检查臭气。确认有无异常臭气(局部过热)发生。

⑥ 检查防止油老化的装置。确认吸湿器吸湿剂是否有变色。

2. 定期检修

定期检修内容如表 7.8 所示。

表 7.8 定期检修内容

检修项目	检修内容	原　因	对　策
油箱、散热器	• 漏油(封口不良) • 生锈,腐蚀	垫片老化、松弛 涂膜老化、附着盐分	更换衬垫、紧固 补涂油漆,强化耐氯化处理
绝缘套管	• 瓷管的污染、破损 • 端子板因过热而变色	过负荷、松动 接触面不良	清理、更换 减少负荷、紧固 清理、研磨、重镀
温度计	• 指示、动作不良	故障	修理,更换
油面计	• 油面(异常)	因漏油而降低,产生故障	修理(查明原因),更换
绕组	• 测量绝缘电阻 • 测量介质损失角正切	绝缘油、绝缘物吸湿、老化	过滤、更换绝缘油 清理绝缘套管
绝缘油	• 测量破坏电压 • 分析油中气体 • 测量酸值	吸湿、老化 变压器内部异常 绝缘油老化	过滤、更换 与制造厂家协商 更换

知识点3 变压器的故障原因

变压器发生事故的原因一般很少是单方面的。由于一次的原因而引起二次、三次的事故并扩大,虽调查确定起来有一定困难,但借助于记载事故时的运行情况和各种检修记录等资料,对查明原因有很大帮助。

① 由型号不完备造成。绝缘等级选定错误;电压等级不合适;容量不合适;未考虑设置场所的环境(例如,湿度、温度、气体)。

② 由制作不完备造成。设计、工作不良;材料不良(包括导电、导磁材料、绝缘材料、结构材料)。

③ 由运行、维护不周全引起。绝缘油老化;接线错误;操作失误;过负荷或过励磁;与保护继电器有关的检修不周全;外部导体连接部分松动、发热;衬垫、阀类检修不周全;对尘垢、盐碱化等检修不力;对附属器件保养不周全。

④ 由设备不完备造成。施工不良;避雷器的性能、保护范围不合适;保护继电器、断路器不完备。

⑤ 其他原因。检修后的现状恢复不周全;由异常电压引起的毛病;由自然老化、天灾引起的毛病。

 知识点4 电压互感器、电流互感器的维护检修

电压互感器、电流互感器作为防止电气设备事故扩大的保护回路检测仪表或是电源,具有重要的功能,因此,适当地进行维护检修,以确保其使用的可靠性是十分必要的。

1. 日常检修

① 运行情况。确认仪表的指示值(注意异常值)。

② 外观检查。有无生锈、腐蚀;有无端子局部过热、变色(尤对电流互感器);端子安装处有无变形、破损;有无裂纹;有无附着污染物;有无放电痕迹;有无漏电痕迹;有无小动物侵入的痕迹。

③ 检查声音、振动。确认有无异常声音发生。所谓异常声音是指铁心的高频振动音、共振音、放电音等。

④ 检查臭气。确认有无臭气(局部过热)发生。

2. 定期检修

定期检修内容如表 7.9 所示。

表 7.9　定期检修内容　　　　　　　　　　　　（Ω・cm）

检修项目	检修内容	检修项目	检修内容
绝缘材料	测量绝缘电阻	外观检查	有无裂纹、放电痕迹
	部分放电试验	臭　气	有无异常臭气
安装情况	检查各安装部分	测量线圈电阻	高压线圈、低压线圈
连接部分	检查各连接部分	测量线圈电阻	高压线圈、低压线圈与大地之间（100MΩ 以上）
浇注面	清理浇注面	耐压试验	高压线圈、低压线圈与大地之间（无异常）
	检查浇注面的放电痕迹		
	检查浇注面的裂纹		

知识点5　仪用互感器的老化原因

仪用互感器是电压互感器（VT）和电流互感器（CT）的总称,其作用是把高压回路的电压、电流按比例变成低电压、小电流,供给仪表或保护继电器。最近,多使用浇注式仪用互感器,它是用环氧树脂、异丁橡胶等将线圈、铁心浇注而成的。

1. 电压互感器、电流互感器老化的主要原因（浇注式）

① 因受热而老化。施加热应力场合的老化,是由于受热导致材料被氧化或热分解而出现。机械强度降低、绝缘表面的吸湿性增大,均会使特性变化。

② 因机械应力造成的老化。施加机械应力场合的老化,表现为龟裂、有裂口。当龟裂、裂口较大时,会使器物功能丧失,即使程度较小,也会成为部分放电导致老化的原因。

③ 因电压导致老化。在施加电气应力的场合,会因绝缘物的间隙中发生部分放电而老化。

④ 因环境导致老化。施加环境影响时的老化,表现在湿气、附着污染物等恶劣环境和电气应力的复合作用下产生漏电痕迹。

2. 电压互感器、电流互感器的绝缘老化判断标准

浇注式仪用互感器的绝缘老化判断方法,有测量绝缘电阻、部分放电试验等法,其判断的标准值如表 7.10、表 7.11 所示。

表 7.10 绝缘电阻判断 （目标值）

测量部位	绝缘电阻允许值	备 注
高压线圈与低压线圈（大地）间	100MΩ 以上（用 1000V 绝缘电阻表）	仪用互感器本体
低压线圈与大地间	2MΩ 以上（用 500V 绝缘电阻表）	包括低压回路线
低压线圈相互间		

表 7.11 部分放电试验判断 （目标值）

项 目	判断标准
放电电荷量的变化	放电电荷量与去年相比,是否有大幅增长
放电电荷量	在标准值（制造厂家的推荐值）以下

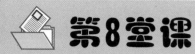

第8堂课

电工经验与技巧

电工实用经验与技巧是电工技术人员多年工作经验的结晶，掌握电工操作的经验与技巧能够使技术人员在操作过程中事半功倍、提高效率。

掌握电工操作的实用经验与技巧，能够举一反三，在工作过程中提高工作效率。

学习目标

8.1　低压配电系统常见的接地方式

在低压配电系统中的接地保护系统分为 TT、IT、TN 三种,其中 TN 又分为 TN-S、TN-C、TN-C-S 三种,其文字代号所代表的含义如下。

第一个字母表示低压系统与地的关系:T 表示电源中性点直接接地;I 表示电源端只有中性点通过阻抗接地。

第二个字母表示电气设备正常不带电的外露可导电部分与地的关系:T 表示电气设备外露可导电部分独立直接接地,此接地点与电源端接地点在电气上不相连接;N 表示电气设备外露可导电部分与电源端的接地点有用导线所构成的直接电气连接。

半横线后面字母表示含义:S 表示中性线和保护线是独立分开的,中性线(N)称为工作零线,保护线(PE)称为保护零线;C 表示中性线和保护线是合一的(PEN)线,中性线(N)和保护线(PE)合为一 PEN 线。

从图 8.1(a)可以看出,TN-S 系统为三相五线制。它的电源端中性点直接接地,而工作零线 N 与保护零线 PE 是彼此分开的,说明白了很简单,就是 PE 线与 N 线在电源端是连接在一起的为一根线,而到负载端 PE 线与 N 线又分开了,相互绝缘不连接。

从图 8.1(b)可以看出,TN-C 系统为三相四线制。它的电源端中性点直接接地,而工作零线 N 和保护零线 PE 连在一起为一根线 PEN。

从图 8.1(c)可以看出,TN-C-S 系统为三相四线制。它的电源端中性点直接接地,系统中主保护零线 PE 与工作零线 N 是合在一起的,而分支线路的保护零线 PE 与工作零线 N 又是分开的。

从图 8.2 中可以看出,TT 系统为三相四线制。它的电源端中性点直接接地,而负载端用电装量的外露导体接到与电源端无任何关系的独自接地体上。

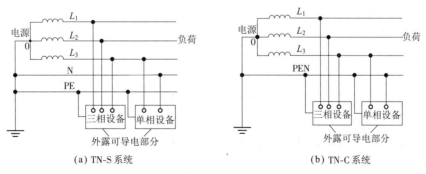

(a) TN-S 系统　　　　　(b) TN-C 系统

图 8.1　低压配电的 TN 系统

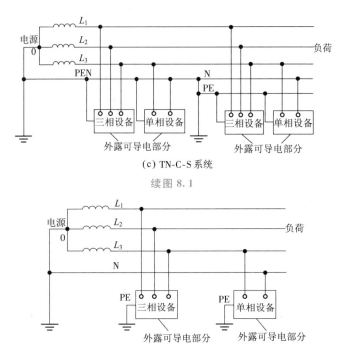

(c) TN-C-S 系统

续图 8.1

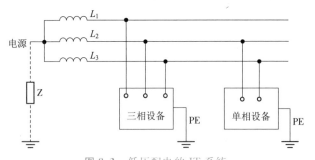

图 8.2　低压配电的 TT 系统

从图 8.3 中可以看出,IT 系统为三相三线制,它的电源中性点是不允许接地的,而是经过高阻抗接地。而负载端用电装置的外露导体经各自的保护零线直接接地,必须与电源端的接地不发生任何关系,各自独立工作。

图 8.3　低压配电的 IT 系统

8.2　控制变压器具体应用接线方法

控制变压器是一种应用非常广泛的小型干式变压器,交流电源频率为 50 Hz,初级电压为

220V(或 380V),次级电压有 6.3V、12V、24V、36V、110V、127V、220V 等。它主要用于工矿企业中做安全局部照明电源、电气设备中的控制回路电源及照明灯或指示灯电源,控制变压器的接线如图8.4所示。

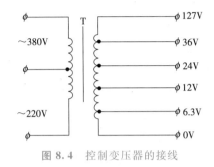

图 8.4 控制变压器的接线

初学电工人员在使用、安装、维修控制变压器时,应注意以下几个方面:

① 控制变压器在接线前看清变压器的接线端子:初级电压为 220V 时,应接到 220V 的电源线上;初级电压为 380V 时,应接在 380V 交流电源上。绝不允许把 380V 的电源线接入 220V 的接线端子上,否则会烧坏控制变压器。

② 控制变压器的次级电压接线柱要与所控制接入的负载电压相对应。如果是指示灯,则应接入 6.3V 的电压,机床低压照明灯泡则要通入 36V 电压;如果是机床交流接触器线圈,需用 127V 交流电压,就要接在 127V 电压接线柱上。

③ 控制变压器应安装在干燥处,尽量避免震动,以免损伤内部结构。

④ 控制变压器在使用中应注意负载不允许短路,负载的功率不能超过控制变压器的容量。

⑤ 为了保证控制变压器不含内二次回路故障或过载而烧坏控制变压器,有条件的话,最好在其一、二次回路分别加装小型断路器,如 C45N、DZ47 型。其电流选用最好接近工作电流。

表 8.1 为单相控制变压器技术数据

表 8.1 单相控制变压器技术数据

容量/W	规　格	电压/V	导线直径/mm
25	230/220～127～110～36～24～12～6.3	230　220　127　110　36　24　12　6.3	0.23　0.21　0.27　0.29　0.51　0.62　0.9　1.2
50	380/127～36	380　127～36	0.29　0.47
	380/36～6.3	380　36～6.3	0.29　0.90
	380/127～6.3	380　127～6.3	0.29　0.47

续表 8.1

容量/W	规　格	电压/V	导线直径/mm
100	380/220~36	380　220　36	0.41　0.35　0.90
	380/36~12	380　36~12	0.41　1.20
	380/127~6.3	380　127~6.3	0.41　0.62
	380/110~36	380　110　36	0.41　0.51　0.90
150	380/220~110	380　220~110	0.51　0.62
	220/36	220　36	0.72　120×2
300	380~220/36	380~220　36	0.90　1.62×2
400	380/220~6.3~36	380　220~6.3~36	0.80　1.00　0.90
1000	380/220~36	380　220　36	1.20　1.62　0.90
1500	380/220~127~36	380　220　127　36	1.68　1.95 1.88×2　1.88×4

8.3　用风冷降低电力变压器温度的方法

　　电力变压器在配电系统起着非常重要的作用,它能将一种交流电压和电流变成频率相同的另一种或几种不同的电压和电流。

　　通常应用是多的是油浸式电力变压器(图 8.5),但随着经济发展和供用电要求,室内变压器逐渐被干式电力变压器(图 8.6)所取代。

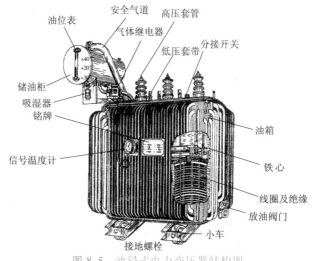

图 8.5　油浸式电力变压器结构图

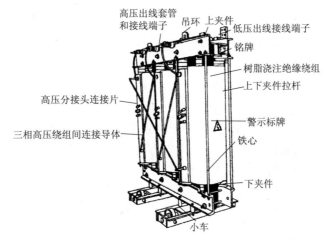

图 8.6 环氧树脂浇注绝缘的三相干式电力变压器

我们都知道,温度的高低,对于电力变压器来讲是保证其正常运行的基本条件,倘若变压器运行时的温度超过变压器的最高允许温度,将会损坏变压器的绝缘,轻则加速绕组的绝缘老化,重则损坏绝缘,造成绕组短路而烧毁。

除了环境温度过高影响其正常运行外,还有一个问题就是变压器超负荷运行,电流过大,温度升高。所以,了解变压器高、低侧电流就能知道其工作状况,对变压器运行大有好处。

 技能训练

有一台 S9-500/10 三相电力变压器,其一次电压(高压)为 10kV,二次电压(低压)为 0.4kV,问其高、低压侧电流为多少?

解:已知 $S=500\text{kVA}$,$U_1=10\text{kV}$,$U_2=0.4\text{kV}$。

求:三相电力变压器高、低压侧电流

$$I_{高}=\frac{S}{\sqrt{3}U_1}=\frac{500}{1.73\times10}\text{A}\approx29\text{A}$$

$$I_{低}=\frac{S}{\sqrt{3}U_2}=\frac{500}{1.73\times0.4}\text{A}\approx723\text{A}$$

三相电力变压器高低压电流也可以用下述方法进行估算:

高压侧电流:$I_{高}=0.06P$

低压侧电流:$I_{低}=1.5P$

还用上述例子得：

$$I_{高}=0.06P=0.06\times500=30A$$
$$I_{低}=1.5P=1.5\times500=750A$$

通过计算与估算两种方法数据基本一致，可称为快速估算方法。

众所周知，电力变压器绕组温度每超过 8℃，其寿命将会降低一半，所以控制其绕组温度很重要。为保证电力变压器在夏天能连续安全运行，温度不会超过上限，故需加装冷却轴流风机进行降温，否则会烧坏电力变压器。图 8.7 是利用电接点温度计改制的电力变压器自动风冷控制电路。在高温时，启动冷却轴流风机；在低温时，则停止冷却轴流风机工作。Q_1 为电接点温度计的上限触点，Q_2 为电接点温度计的下限触点。当变压器运行，温度上升到上限值时，Q_1 闭合，冷却轴流风机启动运转；当变压器温度降为下限时，Q_2 闭合，K 动作，使冷却轴流风机 M 停止工作。

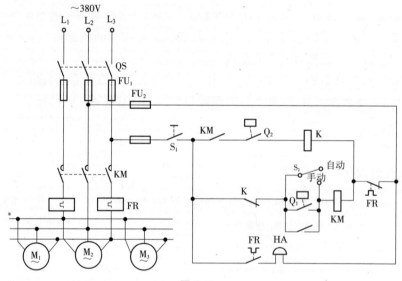

图 8.7

为了保证风机的正常工作，图中热继电器常开触点 FR 在风机电动机过载时起到报警作用，接通电铃 HA，告知人们风机电动机出现过载。目前干式电力变压器均采用六风机系统，使用时可将 KM 容量稍微增大一些。

8.4 用热继电器作限电控制器

有些集体宿舍及租赁办公场所,为限制用电,可安装限电控制器来解决。

本文介绍的是利用热继电器来做限电检测元件,当用户负荷超过热继电器整定电流倍数(见表 8.2)时,热继电器内双金属片将发热弯曲,推动控制常闭触点(2-4)切断用户电源,同时报警鸣响,知此用户负荷已超出。

表 8.2 热继电器电流倍数与相应动作时间

过电流倍数	动作时间	起始条件
1.05	2 小时内不动作	冷态开始
1.20	2 小时内动作	热态开始
1.50	3 分钟内动作	热态开始
6	2 秒钟动作	冷态开始

用热继电器作限电控制器的电路如图 8.8 所示。供电时,按下启动按钮 SB_2(5-7),交流接触器 KM_1 线圈得电吸合且 KM_1 辅助常开触点(5-7)闭合自锁,KM_1 主触点闭合,给用户供电。同时 KM_1 辅助常开触点(1-13)闭合,指示灯 HL_1 点亮,说明已向用户供电了。

当用户出现超负荷时,串联在用户回路中的热继电器 FR 的内部双金属片发热弯曲,推动其控制触点转态,FR 常闭触点(2-4)断开,切断交流接触器 KM_1 线圈回路电源,KM_1 线圈断电释放,KM_1 主触点断开,停止向用户供电。同时 FR 常开触点(2-6)闭合,接通报警电铃 HA,告知有关人员该用户已超负荷。平时其报警回路控制开关 SA_1(1-9)处于闭合位置。

若需恢复供电,则需用户降低负荷并将热继电器 FR 手动复位后,方可重新按下启动按钮 SB_2(5-7)后,交流接触器 KM_1 线圈又重新得电吸合且自锁,KM_1 主触点闭合,用户恢复供电。

在用户超负荷动作后,报警铃 HA 鸣响。解除报警方法有两种,一是将报警解除开关 SA_1 断开;二是将热继电器 FR 手动进行复位。

有一些时段不限制用户用电,则可将开关 SA_2(1-11)合上即可。这样,由于开关 SA_2(1-11)闭合,交流接触器 KM_2 线圈得电吸合,KM_2 主触点闭合,向用户供电,同时也将热继电器 FR 热元件短接了起来,从而完成对用户不限制直接供电。

图 8.8 中,HL_1 为限制供电指示灯,HL_2 为不限制供电指示灯。

热继电器 FR 的整定电流需稍大于用户总负荷电流,并将热继电器复位螺钉旋出,使之为手动复位方式。

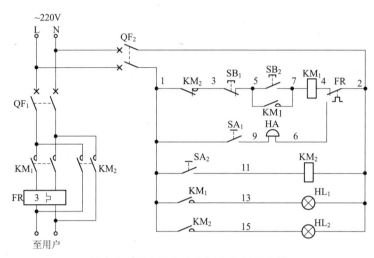

图 8.8 用热继电器作限电控制器电路

 ## 8.5 交流接触器节电直流无声运行电路

大家都知道,交流接触器在运行时会发出电磁噪声,令人烦恼。本文介绍的是将交流接触器改为直流运行即可消除运行中的电磁噪声,降低释放电压,对于容量较大的交流接触器来讲,节电效果尤为显著。

图 8.9 为交流接触器节电直流无声运行电路(如图 8.9 中虚线内所示)。

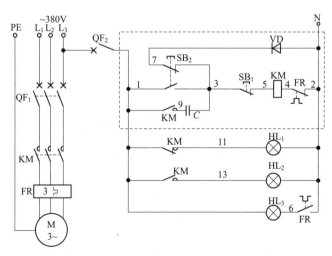

图 8.9 交流接触器节电直流无声运行电路

启动时,按下启动按钮 SB_2,其常闭触点(3-7)首先断开,切断二极管回路,为交流启动后改为直流运行做准备;其常开触点(1-3)闭合,接通了交流接触器 KM 线圈回路电源,KM 线圈得电吸合且 KM 辅助常开触点(1-9)闭合自锁,KM 三相主触点闭合,电动机得电运转工作。从而完成了交流接触器 KM 交流启动,然后松开启动按钮 SB_2,其常闭触点(3-7)恢复常闭状态,将二极管 VD 接至电路中,此时的二极管 VD 与交流接触器 KM 线圈相并联,这时 KM 线圈仍然保持吸合,并转为直流运行状态。图中电容 C 串入电路中起降压作用,并使交流电在正负半波时都由上而下流过交流接触器 KM 线圈,从而使交流接触器线圈改为直流运行了。

8.6　电接点温度计控温电路

电接点温度计应用很广泛,是一种最简单的自动控温装置。电接点温度计控温电路如图 8.10 所示。工作时,合上断路器 QF_1(主回路电加热丝过流保护)、QF_2 控制回路过流保护,若此时烘箱内温度低于设定值下限时,电接点温度计 TH 触点(1-3)闭合,交流接触器 KM 线圈得电吸合且常开触点(1-3)闭合自锁,指示灯 HL 亮,KM 三相主触点闭合,烘箱内电热丝 EH 开始加温;当温度逐渐升高,升至设定上限温度时,TH 上限触点(1-7)闭合,接通了上限继电器 KA 线圈回路电源,KA 线圈得电吸合,KA 串联在 KM 线圈回路中的常闭触点(3-5)断开,切断电加热丝 EH 控制交流接触器 KM 线圈电源,KM 线圈断电释放,其三相主触点断开,停止加热,同时指示灯 HL 灭。当温度下降至下限温度时,TH 上限触点(1-7)断开,中间继电器 KA 线圈断电释放,同时 TH 下限触点(1-3)闭合,又再次接通加热交流接触器 KM 线圈回路电源,KM 线圈再次吸合,其三相主触点再次闭合,电加热丝 EH 又重新工作开始升温。如此循环下去。若需手动加热,则将手动开关 S(1-5)接通,交流接触器 KM 线圈将一直得电吸合接通,KM 三相主触点闭合,电加热丝 EH 将不受控加温工作。

8.7　用两只白炽灯泡和一只电容器组成的相序指示器

为了保证电气设备的正常运行,防止出现电气或机械设备事故,例如,双电源相序确定,电动机转向的确定等,可以采用相序指示器。本电路为简易相序指示器,仅用两只 40W 白炽灯泡和一只 $1\mu F$ 的电容器连接即可,如图 8.11 所示。

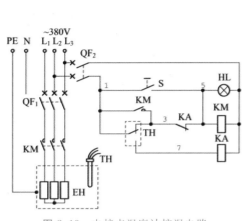

图 8.10   电接点温度计控温电路

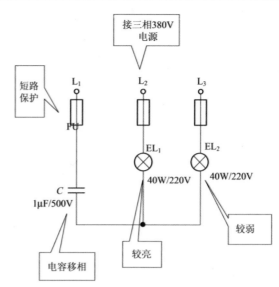

图 8.11   用两只白炽灯泡和一只电溶器组成的
相序指示器电路

其原理是:由于电容移相,改变了其中一相的相位差,使作用到 EL₁ 和 EL₂ 两只灯泡上的相量电压不等,L₂ 相相量电压大于 L₃ 相相量电压,所以按图接好后,电容器接电源的 L₁ 相,那么灯泡较亮的那相为 L₂,灯泡较弱的那相为 L₃ 相。

8.8   晶闸管检测电路

在通常的对晶闸管元件检测基本上用万用表欧姆挡来完成,但晶闸管的性能如何很难保证。为此将晶闸管按图 8.12 连接好即可断定其好坏。当控制开关 SA 未闭合时,小电珠 HL 不亮,若将控制开关 SA 闭合后,小电珠发光,说明晶闸管能导通工作,说明此晶闸管是好的,否则晶闸管是坏的。该方法对晶闸管检测比较准确,比用万用表测量更可靠、更准确。

电路中的小电珠 HL 可选用电压为 1.5V 的手电筒灯泡即可。

8.9   用变色发光二极管作电动机运行、停止、过载指示电路

一只发光二极管能发出三种颜色的光,如常用的三色发光二极管有 2EF312、2EF302、2EF322 等产品。如果巧妙设计可应用在电动机控制电路中作为电动机运行、停止、过载指示。如图 8.13 所示。

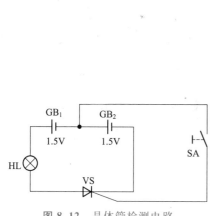

图 8.12 晶体管检测电路

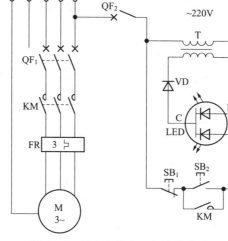

图 8.13 用变色发光二极管作电动机运行、停止、
过载指示电路

合上主回路断路器 QF$_1$,按制回路断路器 QF$_2$,变色发光二极管发出红色光,说明电源正常且电动机处于停止运转状态。

启动运行:按下启动按钮 SB$_2$,交流接触器 KM 线圈得电吸合且 KM 辅助常开触点闭合自锁,KM 三相主触点闭合,电动机得电运转工作,同时 KM 辅助常闭触点断开,切断红色发光二极管回路电源,使停止兼作电源指示的红色发光二极管不发光,KM 辅助常开触点闭合,接通绿色发光二极管回路电源,变色发光二极管内部绿色发光二极管工作,发出绿色光,说明此时电动机已启动运行。

停止:按下停止按钮 SB$_1$,交流接触器 KM 线圈断电释放,KM 三相主触点断开,电动机失电停止运行。同时,KM 辅助常开触点断开,切断了变色发光二极管内部的绿色发光二极管回路电源,绿色发光二极管不发光,KM 辅助常闭触点闭合,接通了变色发光二极管内部的红色发光二极管回路电源,变色发光二极管内部的红色发光二极管工作发出红色光,说明此时电动机已停止运行。

过载:当电动机出现过载时,由于热继电器的 FR 控制常闭触点断开,使交流接触器 KM 线圈断电释放,其所有触点恢复原始状态,那么 KM 串联在红色发光二极管回路中的辅助常闭触点闭合,红色发光二极管点亮,再加上过载热继电器 FR 控制常开触点闭合,接通了绿色发光二极管回路电源。这样,变色发光二极管内的两只红、绿管同时发光,则变为橙色光,当变色发光二极管发出橙色光时,说明电动机已过载了。

8.10   电动机接线盒内的接线方法

对于 J、JO 系列的老产品在其电动机铭牌上常常标有"220V/380V、△、丫"接法的字样，是表示电源电压如果为 220V 三相交流电时，定子绕组为△形接法，电源若为 380V 时，定子绕组为丫形接法，请读者认真区分，不要搞错。

下面介绍的电动机接线方法是指△形电动机在需要改为丫形接法运转时的连接。

一般电动机每相绕组都有两个引出线头：一头叫做首端，另一头叫做末端。第一相绕组的端用 D_1 表示，末端用 D_4 表示；第二相绕组的首端和末端分别用 D_2 和 D_5 表示；第三相绕组的首端和末端分别用 D_3 和 D_6 表示。这 6 个引出线头引入接线盒的接线柱上，接线方法如图 8.14 所示。

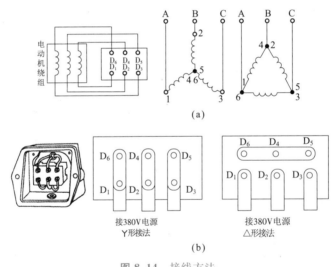

图 8.14   接线方法

8.11   丫系列电动机接线方法

丫系列电动机应用很广泛，其结构如图 8.15 所示。

电动机接线盒内的接线方式有△连接（三角形连接）和丫连接（星形连接）两种方式。当铭牌上标有 220/380V、△/丫字样时，表示电源电压如果为 220V 三相交流电时，定子绕组为△形接法，如果接入电源电压为 380V 时，定子绕组应接成 Y 形。接线方式不允许任意更改。

目前,Ｙ系列电动机 3kW 及以下为Ｙ形接法,4kW 以上均为△形接法,电动机的额定线电压为 380V。

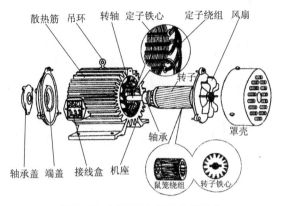

图 8.15 Ｙ系列电动机内部结构

电动机接线盒内有上下两排 6 个接线头,规定上下排 3 个接线端子自左至右编号为 W_2、U_2、V_2,下排 3 个接线端子自左至右的编号为 U_1、V_1、W_1,如图 8.16(a)所示。

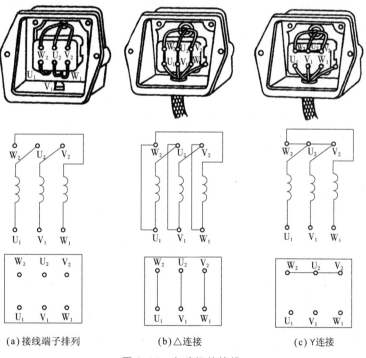

(a)接线端子排列　　(b)△连接　　(c)Y连接

图 8.16 电动机的接线

当采用△形连接时,按图 8.16(b)所示方法连接,将电动机接线盒内的接线端子上、下两两竖直用短接铜片连接,再分别把三相电源接到 U_1、V_1、W_1 上。也就是将三相定子绕组的第一相的尾端 U_2 接到第二相的首端 V_1,第二相的尾端 V_1 接到第三相的首端 W_2,第三相的尾端 W_2 接到第一相的首端 U_1。然后把来自开关的 3 根导线的线头,分别与 U_1、V_1、W_1 连接。如果出现电动机反转,可把任意两相线头对换接线端子位置,即会顺转。

当采用Y形连接时,按图 8.16(c)所示方式连接,将三相绕组的尾端 W_2、U_2、V_2 用短接铜片连在一起,首端 U_1、V_1、W_1 分别接三相电源。

8.12　用万用表测定电动机三相绕组头尾的接线方法

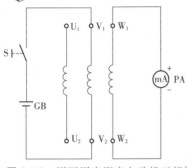

确定电动机三组绕组头、尾也可采用万用表来确定。首先用万用表测量出电动机六个接线端哪两个线端为同一相,然后将万用表的直流毫安挡拨到最小一挡,并将表笔接到三相线圈的某一组两端,而电池正负极接到另一相的两个线端上,如图 8.17 所示。当开关 S 闭合瞬间,如表针摆向大于零,则说明电池负极所接的线端与万用表正极笔所接线端是同极性的(均可认为是头)。依次类推,便可测出另外两相的头和尾。

图 8.17　用万用表测定电动机三相绕组头尾的接线方法

8.13　利用交流电源和灯泡检查电动机三相绕组的头尾

在电动机六根引出线标记无法确认时,如图 8.18 所示,我们可利用交流电源和灯泡检查电动机三相绕组的头、尾端,以免将绕组接错。

用交流电源和灯泡确定电动机三相绕组的方法是:首先用 36V 低压灯做试灯,分出电动机每一相线圈的两个线端,然后将两相线圈串接后通入 220V 电源,剩下的一相线圈两端接一只 36V 的灯泡,线路通入电源后,若灯泡发亮,说明所串联的两相是头、尾相接,若灯泡不亮,则说明是头、头相接,如图 8.18 所示。然后将测出的两相线圈头、尾做一标记,再按此方法将其中的一相与原来接灯泡的一相线圈串联,另一相连接灯泡,再按同样的道理判断,电动机三相绕组的头、尾就很容易区分出来了。

先假定上述的编号是正确的,把"U_2"、"V_1"连接起来,"U_1"、"V_2"跨接 220V 电源,"W_1"、"W_2"接白炽灯泡。接通电源后,如果电灯灯丝发红闪亮,说明"V_1"、"V_2"的编号正确;如果电灯灯丝不发红闪亮,只要把"V_1"、"V_2"编号对换即可,如图 8.18(a)所示。

把"V_2"、"W_1"连接起来,"V_1"、"W_2"跨接 220V 电源,"U_1"、"U_2"接灯泡。接通电源后,如果电灯灯丝发红闪亮,说明"W_1"、"W_2"编号正确;如果灯丝不发红闪亮,只要把"W_1"、"W_2"编号对换即可,如图 8.18(b)所示。

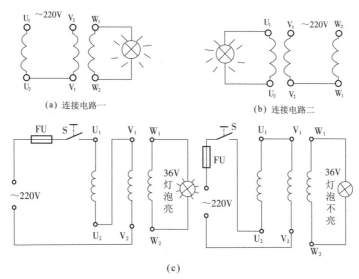

图 8.18 利用交流电源和灯泡检查电动机三相绕组的头尾的接线

此法不适于辨别大、中型电动机定子绕组的首尾。若用此法判别大、中型电动机线头时,220V 电源熔断器的熔丝立即熔断。另外,在判别电动机线头时,先用鳄鱼夹夹住电动机线头,后接通电源,以免触电。

8.14 单相电容电动机的接线方法

单相电容电动机启动转矩大、启动电流小、功率因数高,广泛应用于家用电器中,如电风扇、洗衣机。为了便于维修安装,现介绍这种电动机常用的接线方法。

图 8.19(a)为可逆控制线路,操纵开关 S_2,可改变电动机的转向,这种线路一般应用于家用洗衣机上。

图 8.19(b)为带辅助绕组的接线线路,拨动开关 S,可改变辅助绕组的抽头,即改变主绕组的实际承受电压,从而改变电动机的转速,此接线方法常用于电风扇上。

图 8.19(c)为带电抗器调速的电容电动机接线线路,由于电抗器绕组的串入,使其在线路中起到降压作用,调节电抗器绕组的串入量,即可改变转速。这种方法目前广泛应用在家用电风扇线路中,在启动电动机时,一般先拨到"1"挡上,即为高挡位,这时电抗器不接入线路,使电动机在全压下启动,然后再拨"2"挡或任何挡位来调节电动机的转速。

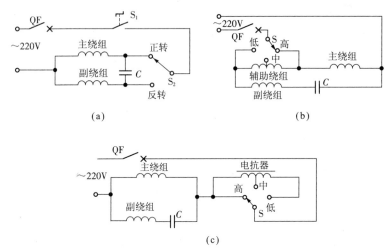

图 8.19   单相电容电动机的接线方法

8.15   QJ₃系列手动自耦减压启动器接线方法

QJ₃ 系列手动自耦减压启动器适用于交流电压为 380V,功率在 75kW 以下的三相 Y/△ 系列三相感应电动机中做不频繁的降压启动,是目前最常用的启动装置。

自耦启动器采用抽头式自耦变压器作减压启动元件,并附有热继电器 FR 和失压脱扣器 KV,在电动机过载时或线路电压低于额定电压值时,能起到保护作用,如图 8.20 所示。

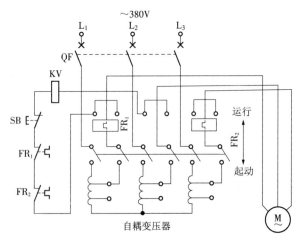

图 8.20   QJ₃ 系列手动自耦减压启动器线路

自耦减压启动器由下列部分组成:

① 金属外壳。

② 接触系统:接触系统包括一组动触头,两组静触头。当油箱中盛有变压器绝缘油时,所有动、静触头浸没于油中,可防止触头在断开及闭合时产生的电弧烧坏触头。

③ 操作机构:操作机构包括主轴、操作手柄及机械联锁装置,能防止误操作后而引起电动机直接启动。

④ 三相自耦变压器:三相自耦变压器位于接触系统的上方,备有额定电压 65% 和 80% 的两组抽头。

⑤ 保护装置:保护装置包括二只热继电器 FR_1、FR_2 作为过载保护及一个失压脱扣器 KV 作为失压或欠电压保护。

自耦减压启动器具有结构紧凑、不受电动机绕组接线方式限制及价格低廉等优点。自耦减压补偿启动器的电路如图 8.21 所示。当启动电动机时,将刀柄推向"启动"位置,此时,三相交流电源通过自耦变压器减压后与电动机绕组相连接。待启动完毕后,把刀柄打向"运行"位置,切除自耦变压器,使电动机直接接到三相电源上,电动机正常运转。此时,失压线圈 KV 得电吸合,通过联锁机构保持刀柄在"运行"位置。停转时,按下按钮 SB,失压线圈 KV 断电释放,KV 连动系统脱扣,将其启动器触点系统断开,电动机停止运行。

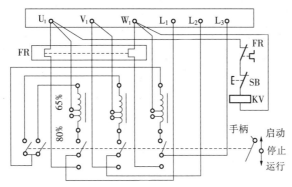

图 8.21   QJ₃ 系列自耦减压补偿启动器的接线

使用自耦减压启动补偿器应注意以下诸多问题:

① 使用前,启动器油箱内必须灌注变压器绝缘油,加至规定的油面线高度,以保证触头浸没于油中。要经常注意变压器油的清洁,以保持绝缘和灭弧性能良好。

② 启动器的金属外壳必须可靠接地,并经常检查地线,以保证电气操作人员的安全。

③ 使用启动器前,应先把失压脱扣器铁心主极面上涂有的凡士林或其他油用棉布擦去,以免造成因油的黏度太大而使脱扣失灵的事故。

④ 使用时,应在操作机构的滑动部分加添润滑油,使操作灵活方便并保护零件不生锈。

⑤ 启动器内的热继电器不能当做短路保护装置用,因此在启动器进线前端应在主回路上串装三只熔断器进行短路保护。

⑥ 启动器内的自耦变压器可输出不同的电压,若因在启动时负荷太重造成启动困难时,则可将自耦变压器抽头换到输出电压较高的抽头上使用。

⑦ 电动机若要停止运行时,则可按动"停止"按钮;若需远距离控制电动机停止,则可在电路控制回中串接一个常闭按钮。

⑧ 启动器的功率必须与所控制电动机的功率相吻合。遇到过载使热继电器脱扣后,应先排除故障,再将热继电器手动复位,以备下次启动电动机时使用。有的热继电器调到了自动复位,就不必用手动复位,只需等数分钟后再启动电动机。

⑨ 自耦减压补偿启动器在安装时,如果配用的电动机的电流与补偿器上的热继电器调节的不一致,则可旋动热继电器上的调节旋钮做适当调节。

⑩ 要定期检查触头表面,发现触头烧毛,则应用细锉刀修整平滑。如果触头严重烧损,则应更换同型号的触头。

表 8.3 为 QJ₃ 系列自耦减压启动器的主要技术数据。

表 8.3　QJ₃ 系列自耦减压启动器的主要技术数据

型　号	电压 220V,50(60)Hz				电压 380V,50(60)Hz				电压 440V,50(60)Hz			
	控制电动机功率/kW	额定工作电流/A	热保护额定电流/A	最大启动时间/s	控制电动机功率/kW	额定工作电流/A	热保护额定电流/A	最大启动时间/s	控制电动机功率/kW	额定工作电流/A	热保护额定电流/A	最大启动时间/s
QJ3-Ⅰ				30	10	22	25	30	10	19	25	30
	8	29	32		14	30	40		14	26	40	
	10	37	40		17	38	40		17	33	40	
	11	40	45		20	43	45		20	36	45	
QJ3-Ⅱ	14	51	63	40	22	48	63	40	22	42	63	40
	15	54	63		28	59	63		28	51	63	
					30	63	63		30	56	63	
QJ3-Ⅲ	20	72	85	60	40	80	85	60	40	74	85	60
	25	91	120		45	100	120		45	86	120	
	30	108	160		55	120	160		55	104	160	
	40	145	160		75	145	160		75	125	160	

8.16 改变三相异步电动机旋转方向的方法

由三相异步电动机的工作原理可知,电动机的转动方向是由转子的电磁转矩方向决定的,即电动机的转动方向是与电磁转矩方向一致的。而电磁转矩的方向又取决于定子旋转磁场的方向,即与旋转磁场的旋转方向一致。也就是说,电动机的转动方向是由定子旋转磁场的方向所决定的,两者的旋转方向相同。而旋转磁场的方向取决于通入定子三相绕组中的三相电源的相序。相序改变了,旋转方向也随之改变。

若想改变三相交流电动机的旋转方向时,只要把三相电源线的任何两相调换一下,即可使电动机的旋转方向得到改变,如图 8.22 所示。正转相序为:$L_1 L_2 L_3 \rightarrow L_3 L_1 L_2 \rightarrow L_2 L_3 L_1$。反转相序为:$L_2 L_1 L_3 \rightarrow L_3 L_2 L_1 \rightarrow L_1 L_3 L_2$。

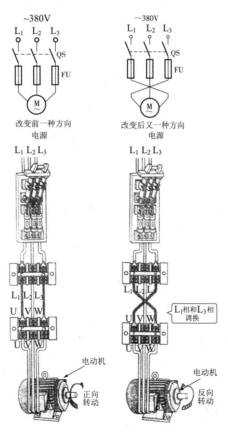

图 8.22 改变电动机旋转方向的方法

8.17 用耐压机查找电动机接地点电路

用耐压机查找电动机接地点,可直接观察到接地点的部位,如图8.23所示。当耐压机电压逐渐升高时,若绕组线圈有接地故障,线圈接地点便会起弧冒烟,只要仔细观察,就可找到接地点的具体位置。

当出现过电流时,中间继电器 KA 线圈吸合且自锁,需解除 KA,则必须按下解除按钮 SB₃,方可使 KA 线圈断电释放。

图 8.23 中 KI 为过电流继电器,其外形及工作原理图如图 8.24 所示。电流继电器的技术数据见表 10.4。

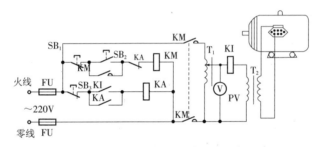

图 8.23 用耐压机查找电动机接地点电路

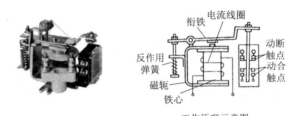

(a) JT4系列过电流继电器

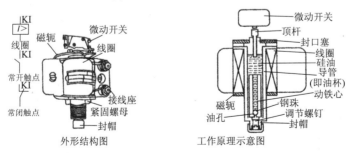

(b)JL12系列过电流继电器

图 8.24 过流继电器的外形及工作原理

试验时,先将调压器 T_1 调至最小处,并将试验电动机放在绝缘地方,如高压胶垫上。

按下启动按钮 SB_2,交流接触器 KM 线圈得电吸合且自锁,KM 主触点闭合,此时可根据电压表 PV 慢慢提升调压器 T_1 的电压,随之电压的上升,若线圈接地点起弧冒烟,立刻断电,此处即为故障点。

若按操作时出现过电流时,电流继电器 KI 动作,KI 常开触点闭合,接通中间继电器 KA 线圈回路,KA 常闭触点断开,切断交流接触器 KM 线圈电源,使其停止工作。

表 8.4 JT4 系列过电流继电器的主要技术参数

型 号	吸引线圈 规格/A	消耗功率/W	触点数目/副	复位方式		动作电流	返回系数
				自动	手动		
JT4-□□L	5,10,15, 20,40,80, 150,300, 600	5	2常开2常闭或1常开1常闭	自动		吸引电流在线圈额定电流的110%~350%范围内调节	0.1~0.3
JT4-□□S					手动		

知识点1 过电流继电器的选用

过电流继电器线圈的额定电流一般可按电动机长期工作的额定电流来选择,对于频繁启动的电动机,考虑启动电流在继电器中的热效应,额定电流可选大一级。过电流继电器的整定值一般为电动机额定电流的 1.7~2 倍,频繁启动场合可取 2.25~2.5 倍。

知识点2 过电流继电器的安装使用和维护

安装前先检查额定电流及整定值是否与实际要求相符。安装时,需将电磁线圈串联于主电路中,常闭触点串联于控制电路中与接触器线圈连接。安装后在主触点不带电的情况下,使吸引线圈带电操作几次,检查继电器动作是否可靠。定期检查各部件有否松动及损坏现象,并保持触点的清洁和可靠。

8.18 QZ73 系列综合磁力启动器

QZ73 系列综合磁力启动器(纺织专用产品)可供 12.5kW 以下的 Y 系列,JO_2 系列小型交流异步电动机完成启动、运行和停止动作,并可起到短路保护、过载保护作用。其接线方法如图 8.25 所示。

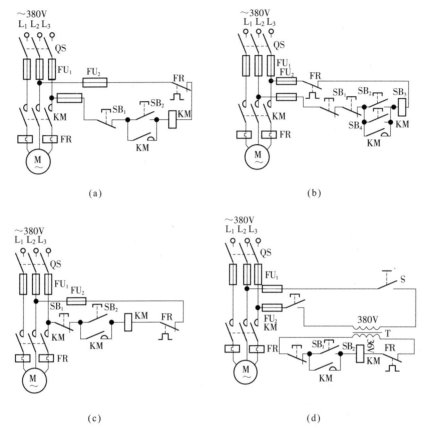

图 8.25　QZ73 系列综合磁力启动器的接线方法

在应用 QZ73 系列综合磁力启动器时要注意以下问题：

① 启动器应垂直安装于直立的平面上，与垂直的倾斜度不得超过 5°。

② 安装启动器时，可用 4 个 M6 螺丝钉并加上垫圈及弹簧垫圈固定在墙面上。

③ 进线孔与电缆钢管之间应以螺母垫圈密封，防止尘埃侵入。

④ 热继电器出厂时均调整为自动复位，若需手动复位，则可将热继电器上的自动/手动设置螺钉左旋退出即可。

⑤ 启动器内凡采用瓦形垫圈的接线端子，均可连接 1 根或 2 根导线，不必弯成圆圈形状，接线时不必取下瓦形垫圈。

⑥ 接好线时，应旋紧未接线的接线螺钉，防止脱落。

⑦ 综合磁力启动器的金属外壳应接地，接地螺钉位于防护外壳下端，内外均可接地线。

⑧ 综合磁力启动器经长期使用后会发出电磁噪声,可用压缩空气或细砂纸将衔铁极面的铁锈及污物清除干净。

⑨ 启动器内交流接触器银触头的弹簧压缩超程小于 0.5mm 时,应更换触头。

⑩ 未将灭弧罩装在接触器上面时,严禁带负载启动综合磁力启动器开关,以防弧光短路。

⑪ 在装配 RL 系列螺旋式熔断器时,螺纹应对齐旋紧。

QZ73 系列综合磁力启动器主要技术数据示于表 8.5 中。表 8.6 表示的是 QZ73 系列综合磁力启动器配套电器元件。

表 8.5　QZ73 系列综合磁力启动器主要技术数据

综合启动器型号	热继电器额定电流(A)	额定电流调节范围(A)	熔断器额定电流(A)
QZ73-1、2、4、6	1 1.6 2.5 4 6.4	0.64~1 1~1.6 1.6~2.5 2.5~4 4~6.4	2、4 4、5、6 10 15
QZ73-3、5、7	10 16	6.4~10 10~16	20、25、30 35、40、50
QZ73-3、5、7、8、9、10	25	16~25	50、60

表 8.6　QZ73 系列综合磁力启动器配套电器元件

数量＼型号＼元件名称	QZ73-1	QZ73-2	QZ73-3	QZ73-4	QZ73-5	QZ73-6	QZ73-7	QZ73-8	QZ73-9	QZ73-10
CDC10-20 交流接触器	1	1	1	1	1	1	1	—	—	—
JR36-20 热继电器	1	1	1	1	1	1	1	1	1	1
RL1-15 熔断器	3	5	2	3	—	3	—	2		

8.19　JD1A、JD1B 型电磁调速控制器的接线

JD1A、JD1B 型电磁调速控制器的接线非常方便,所有输入、输出线都通过面板下方的 7 芯航空插座进行连接,插座各芯与相应各线的连接如图 8.26 所示。

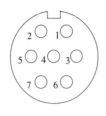

插头号码	连接对应的名称
1	电源～220V
2	
3	离合器激磁绕组
4	F1 F2
5	测速发电机输出端
6	U V W
7	

（a）　　　　　　　　　　（b）

图 8.26　引出线插头接线图

 知识点1　JD1A、JD1B 型电磁调速控制器的试运行

　　JD1A、JD1B 型电磁调速控制器应按图 8.27 所示线路正确接线。接通电源,合上面板上的主令开关,当转动面板上的转速指令电位器时,用 100V 以上的直流电压表测量面板上的输出量测点应有 0～90V 的突跳电压(因测速负反馈未加入时的开环放大倍数很大),则认为开环时工作基本正常。启动交流异步电动机(原动机)使系统闭环工作,此时电动机的输出转速应随面板上转速指令电位器的转动而变化。

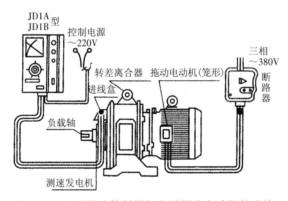

图 8.27　电磁调速控制器与电磁调速电动机的连接

 知识点2　JD1A、JD1B 型电磁调速控制器的调整

　　① 转速表的校正:面板上的转速表的指示值正比于测速发电机的输出电压,由于每台测速发电机的输出电压有差异,必须根据电磁调速电动机的实际输出转速对转速表进行校正。

调节转速指令电位器,使电动机运转到某一转速时,用轴测试转速表或数字转速表测量电动机的实际输出转速。如果面板上的转速表所指示的值与实际转速不一致,可以调整面板上的"转速表校正"电位器,使之一致。

　　② 最高转速整定:此种整定方法就是对速度反馈量的调节,将速度指令电位器顺时针方向转至最大,并调节"反馈量调节"电位器,使之转速达到电磁调速电动机的最高额定转速(≤15kW为1250r/min,≥15kW为1320r/min)。

JD1A、JD1B 型电磁调速控制器的安装使用和维护

　　① 在测试开环工作状况时,7芯航空插座的3、4芯接入负载后,输出才是0~90V的突跳电压;如果不接负载,输出电压可能不在上述范围内。

　　② 面板上的反馈量调节电位器应根据所控制的电动机进行适当的调节。反馈量调节过小,会使电动机失控;反馈量调节过大,会使电动机只能低速运行,不能升速。

　　③ 面板上的转速表校准电位器在校正好后应将其锁定。否则,如果其逆时针转到底时,会使转速表不指示。

　　④ 运行中,若发现电动机输出转速有周期性的摆动,可将7芯插头上接到励磁线圈的3、4线对调;对JD1B型,应调节电路板上的"比例"电位器,使之与机械惯性协调,以达到更进一步的稳定。

第9堂课

电工安全

安全是一切操作的基础和前提，只有在保证安全的前提下才能进行各种操作。

课前导读

学习常用的安全标志；掌握个人安全服装、安全保护设备、梯子和脚手架的使用方法；掌握接地保护、漏电保护器、电源的闭锁与挂签等知识；学习必备的急救常识等。

学习目标

9.1　常用安全标志

数据显示,有98%的事故是可以避免的。这样看来,我们还有很大的空间可以避免事故的发生,每一人都可以在降低事故率上发挥自己的能力。事故的主要原因是个人的错误操作以及采用材料的疏忽所致。而这其中,因个人错误操作导致的事故占了总事故量的88%,采用材料的疏忽导致的事故仅占总事故量的10%。

一般来说,建筑以及制造工地都是有大量潜在危险的地方。正因为如此,安全问题成为工作环境中的主要问题。特别是电气工业,安全问题毫无疑问地成为在有危险的工作环境中首要考虑的重要问题。安全操作很大程度上取决于个人是否拥有丰富的专业知识,以及是否清楚地了解工作中的潜在危险。安全性是一种思考方式,是一种个人义务。政府机构和强调安全的相关组织制定了规章与方针。然而,规章不能代替准确的判断力及正确的态度。永远要遵守事故预防标志(图9.1)。

图9.1　典型的警告与注意标志

9.2　个人安全服装的使用

为了工作安全,一套合适的工作服是十分必要的。不同的工作地点和工作性质需要特殊的工作服(图9.2)。对于一套合适的工作服,以下几点是必须具备的。

① 安全帽、安全鞋和护目镜必须根据一定工作要求穿着。例如,如果为了在电工工作中确保安全,安全帽就不能够是金属的。

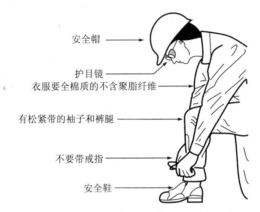

安全帽
护目镜
衣服要全棉质的不含聚脂纤维
有松紧带的袖子和裤腿
不要带戒指
安全鞋

图 9.2   为个人安全所提供的衣服与设备

② 在嘈杂的环境中需要戴上安全耳套。

③ 衣服需要合身以避免卷入运转的机器中发生危险。同时,避免穿着人造纤维的衣服,如聚酯纤维材料或者同类材料的衣服,这类材料的衣服具有在高温下熔化造成严重烧伤的可能性。为了安全,工作时一定要穿全棉质的衣服。

④ 当在带电电路上工作时,应摘掉所有金属类首饰,金和银质的首饰是导电性极强的电导体。

⑤ 在靠近机器工作时,不要留长发,或者必须束起长发。

9.3   安全保护设备的使用

许多电工安全设备可以防止工作人员在进行裸电路工作时接触电路而受伤。电工需要熟悉每种不同的保护设备要求的安全标准,比如每种设备用于何种防护。要确保电工保护设备可以真正地按照设计要求起到保护作用,就要在每天使用之前及时进行损坏检查,同时每次使用后也应该立刻检查设备是否有损坏。电工保护设备包括以下几种:

① 橡胶保护设备。橡胶手套用于防止皮肤直接接触带电电路。独立的皮革外套可避免橡胶手套受到扎破等损坏。橡胶垫可以在靠近裸露带电电路工作时,防止人员接触带电导线或电路而受伤。所有的橡胶类保护设备都必须标出适用的额定电压和最后一次检查的时间。无论对于橡胶手套还是橡胶垫的绝缘值,其额定电压与要使用它们的电路及设备相匹配是十分重要的。绝缘手套在每次检查的过程中必须进行空气测试。将手套快速旋转,或者将其充

气。挤压手掌、手指和拇指的位置检测是否有漏气的地方。如果手套不能通过这项检测,就必须报废不再使用。

② 高压保护服。为高压操作提供的特殊保护设备,它包括高压袖子、高压靴、绝缘保护头盔、绝缘眼镜和面部保护,以及配电板垫和瞬间高压服(击穿服)。

③ 带电操作杆。带电操作杆是一种绝缘工具,它应用于手动操作高压隔离开关、高压保险丝的更换,也包括临时接地高压电路的连接与移除的手动操作。一个带电操作杆包括两个部分,头部或者杆帽和绝缘杆。杆帽可以用金属或者硬塑料制成,而绝缘杆就要用木头、塑料或者其他可以有效绝缘的材料来制造。

④ 保险丝拆卸器。塑料或者玻璃纤维的保险丝拆卸器用于安全地拆卸或安装低压保险丝。

⑤ 短路探测器。短路探测器用于使断电电路放电至带电电容器,或者当电路电源断开时增大静电荷。同样,当靠近或在不带电的高压电路上工作时,短路探测器就可以被连接,它的指针会打到左边,这样当进行一些可能发生事故的操作时,它就可以作为一种辅助的防范工具。安装短路探测器时,首先将试线夹接地,然后固定短路探测器手柄并挂住短路探测器末端或将接线端接入地面。不要触摸短路探测器接地线路或部件的任何金属部分。

⑥ 面罩。在整个配电操作中,电弧、电射线或者因为苍蝇或从别的地方掉下的小东西而引起的电爆炸可能会伤害工作人员的眼睛以及脸部,因此必须全程佩戴经核准的面罩。

⑦ 摔落保护。摔落防止系统为工作人员提供从高处摔落的保护措施,包括栏杆、个人摔落防止系统、定位装置、警告线、安全监控器和受控访问区。

阻止摔落系统的设计不是为了防止工人的摔落,而是为了当工人已经开始摔落的时候,立即阻止它。这包括个人的阻止摔落系统和安全网。

9.4 防止电击

我们通常认为,只有高压电路会导致电击。事实并不如此,与其他和电相关的事故相比,每年因为家用电压 220V 而导致的受伤或者死亡的事故数量更高。在有关电的工作中,要时刻注意安全,不要使它危及你的生命。

当一个人的身体成为电路的一部分时,电击就发生了。在电气工业中,电击及烧伤是导致人死亡的原因。导致电击的三个复杂因素是:电阻、电压、电流。

 知识点1 电 阻

电阻(R)可以被定义为用于电路中阻止电流通过的介质,它的单位是欧[姆](Ω)。身体

的电阻越低,发生电击的潜在危险就越大。每个人的身体电阻根据皮肤的状况及接触的介质不同而不同。图9.3中列出了一般的身体电阻值。一种名为欧姆计的仪器可以测出身体的电阻值。

皮肤状况或者部位及其电阻	
皮肤状况或部位	**电阻值**
干燥皮肤	100 000~600 000 Ω
潮湿皮肤	1000 Ω
身体——从头到脚	400 ~ 600 Ω
耳朵到耳朵	大约 100 Ω

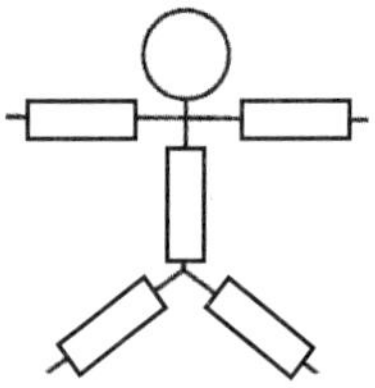

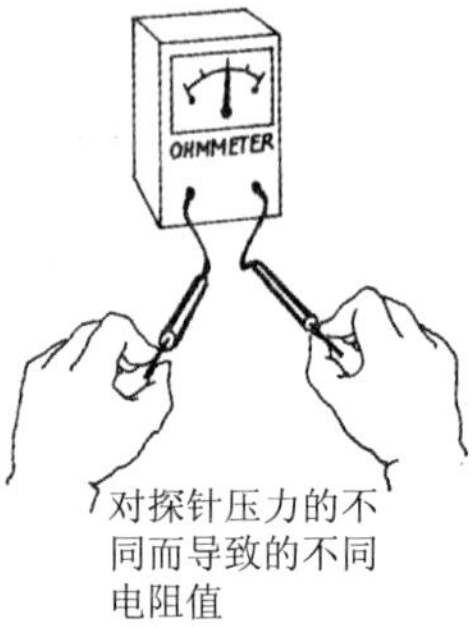

对探针压力的不同而导致的不同电阻值

图9.3 身体电阻

知识点2 电 压

电压或称电动势(E)被定义为一种可以使电路中产生电流的压力,它的单位是伏[特] (V)。电压对生命的威胁取决于每个人不同的身体电阻和心脏功能。随着电压的增高,危险性就越大。一般来说,任何大于 30V 的电压都被认为是危险的。

知识点3 电 流

电流(I)被定义为电路中电子的流量,它的单位是安[培](A)。不用很大电流就可以导致疼痛或者致命的电击。一个严重的电击会导致心肺功能的停止。同样,当电流进入或离开身体时,还会导致严重的烧伤。当电流进入身体时,它首先在外部皮肤形成一个循环系统。图9.4示出了电流相关的量级和影响。一般来说,任何大于 0.005A 或者 5mA 的电流通过身体都被认为是危险的。

对于电击的强度来说,通过身体的电流量和触电的时间是两个最主要的标准。1mA(1/1000A)的电流强度就可以被感觉到。10mA 的电流强度就足以产生电击现象,它将会影响肌肉的自动控制能力,这就解释了为什么在有些情况下,电击的受害人一旦碰到导体,电流通过身体时,他们不能从导体上脱开。100mA 的电流通过身体 1s 或者更长的时间将是致命的。

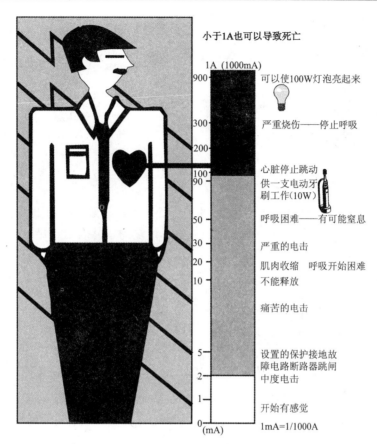

小于1A也可以导致死亡

1A (1000mA)
900 —— 可以使100W灯泡亮起来
300 —— 严重烧伤——停止呼吸
200
100 —— 心脏停止跳动
90 —— 供一支电动牙刷工作(10W)
50 —— 呼吸困难——有可能窒息
30 —— 严重的电击
20 —— 肌肉收缩 呼吸开始困难
10 —— 不能释放
     痛苦的电击
5 —— 设置的保护接地故障电路断路器跳闸
2 —— 中度电击
1 —— 开始有感觉
0
(mA) 1mA=1/1000A

图 9.4 电流强度对人体的影响

一个手电筒电池放出的电流已经足够杀死一个人,然而我们却可以很安全地拿着它。这是因为人类皮肤具有很大的电阻可以消减一定量的电流。在低压电路中,电阻可以使电流降低到很小的值。所以,这样的电击并不危险。然而,对于高压电路来说,它可以产生足够的电流通过皮肤而出现电击。

电流在身体中通过的路径也是影响电击后果的一个因素。举例来说,当电流从手到脚流过时,它将通过心脏和一部分中枢神经系统,那么这样的电击就要比电流通过同一胳膊上两点间而产生的电击危险得多(图9.5)。其他影响电击严重性的因素包括电流的频率、电击发生时心搏周期的状况,以及遭受电击的人的身体状况。

最常见的电伤害是烧伤。其中包括:

① 电烧伤。电烧伤就是由于电流经过组织或者骨头引起的烧伤。这种烧伤可能发生在皮肤表面或者受电流影响的深层皮肤。

② 电弧烧伤。导致电弧烧伤的原因是因为身体过于近地接触了可产生高温的电弧(大

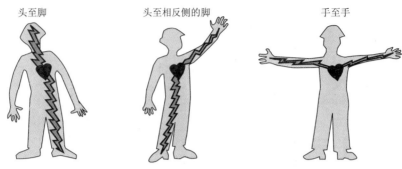

头至脚　　　头至相反侧的脚　　　手至手

图 9.5　电流通过身体导致心脏停止跳动的典型通路

概达 35 000℉）。破损的电气插头或者失败的绝缘处理都将导致电弧的出现。

③ 热力接点烧伤。这种烧伤是由于皮肤接触了过热的零件表面而导致的受伤。它也可能由电弧引起的爆炸分散物接触皮肤而造成。

 ## 9.5　接地保护

电就是电子流,电的流动就像从山中流向海洋的水流一般,水总是在寻找一条流向海洋的道路,而电则总是在寻找一条通向地面的道路。电流的路径被称为接地路径。如果你正处在电的接地路径上,那么电流就将通过你通向地面,这将使你遭受严重的烧伤甚至死亡。如果当你站在地面上或者身上有什么东西可以接触到地面的同时接触到了电线,那么你就有可能成为电流接地路径的一部分。

对于一般的线路安装来说,接地被看做一项很重要的连接操作。一般,接地保护装置是防止两方面危险的:失火与电击。

当电流从破损的通电电线或者连接中泄漏,并且没有根据正常路径接触到电压零点时,将导致失火危险。一般情况下,除了正常路径以外,其他路径都有很大的电阻,这就导致电流过大而引起火灾。

电击危险出现在电流泄漏以及反常电流出现而导致的电压。举例来说,如果一个裸露的通电电线接触了某未接地电气设备的金属结构,电线的电压就转移到这个金属结构上了。这时如果你接触了这个金属设备,那么你的身体就成为电流的接地路径,这时就将发生严重的电击伤害。图 9.6 示出了接地保护。为了使这个保护系统得以运转,携带电流的主系统和电路部件(金属部分)都必须接地。在一个正确的接好地的系统中,错误的直接短路接地将会导致强的电流冲击。这个电流熔化了保险丝或者使电路的断路器脱扣,立刻打开了电路。事实上,接地对于电气设备的操作起不到任何作用,它的目的只是为了保护生命和财产。

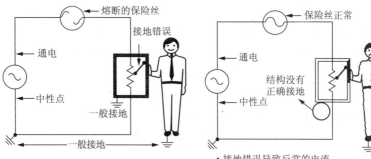

- 接地错误导致电路短路从而熔断保险丝
- 当接触金属结构时,不会出现电击危险

- 接地错误导致反常的电流
- 保险丝正常
- 当接触金属结构和地面时,会发生电击危险

(a) 正确接地   (b) 不正确接地电路

图 9.6 接地保护

一个没有接地处理电源的工具会导致伤亡,因此最好选择一个接地的设备。然而,一些通过审核的双重绝缘处理后的便携设备与电气工具是不需要进行接地处理的。在使用这些设备时,只要选择三脚插头或者有两脚插头的双重绝缘工具(图 9.7)。

图 9.8 向我们展示了电是如何从磨损的通电电线中泄漏出来传入金属外壳到握着工具的人的。电流流入工具是 1.5A,而返回的电流是 1A。这是由于在接地错误中 0.5A 的电流

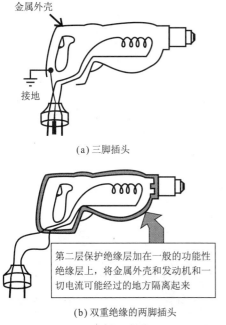

(a) 三脚插头

第二层保护绝缘层加在一般的功能性绝缘层上,将金属外壳和发动机和一切电流可能经过的地方隔离起来

(b) 双重绝缘的两脚插头

图 9.7 正确使用接地处理后的工具

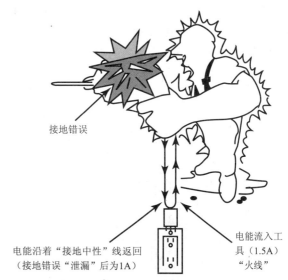

图 9.8 接地错误导致的电流不高到足以断开断路器或者烧断保险丝

通过工具外壳和操作者流入了地面。这个接地错误电流,已经足够导致一个致命的电击,却不会烧断一个 15A 的保险丝或者激活电路断路器。使用三脚插头的三线接电绳和接地的插座将降低电击的危险,但是不能彻底避免危险。有时,一个工具发生接地错误并不是因为固件或者通电电线与外壳直接的连接,而是因为部分绝缘处理出现了问题或者是因为设备内部的潮湿引起的。当发生这种现象时,由接地错误产生的电流并不足以烧断一个 15A 的保险丝或者断开一个 15A 断路器。然而,它产生的电流却足以使任何接触设备的人遭受电击或者触电死亡的危险。

9.6　漏电保护器

　　为了使前述情况带来的触电危险最小化,设计了接地故障电路断路器,又称漏电保护器(GFCI 插座,见图 9.9)。一般情况下,火线中的电流与中性线中的电流大小是一样的。然而,如果配线或者工具出现缺损,就有可能出现漏电接地现象。GFCI 比较未接地导线(火线)中的电量与中性导线中的电量。如果中性导线中的电量开始少于火线中的电量,那么接地错误条件出现。此时流失的电量(称为泄漏或者错误电流)将通过非正常通路返回电源。GFCI 会迅速对此作出反应,当它的传感器探测出大小为 5mA 的漏电时,它将会在 1/40s 内切断或者中断电路。一旦作出了反应,错误的情况就被解决了,同时在再次启动电路之前,需要人工重设 GFCI。所有临时电线建设场所都需要 GFCI 插座。

　　GFCI 不能作为接地处理的替代品,而是对日常使用的分支电路熔断器或电路断路器无法感应的小量电泄漏的一种补充保护设备。GFCI 插座和电路断路器都是可行的保护装置。GFCI 插座为所有插入插座中的电气设备提供了接地错误导致的危险保护。图 9.10 示出了GFCI 的工作原理。当火线与中性线的电流量相差到 5mA 时,就会引起继电器线圈作出反应,从而打开电路。

　　漏电保护器在安装时应注意以下事项:

　　① 安装漏电保护器以后,被保护设备的金属外壳仍应进行可靠的保护接地。

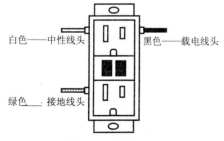

图 9.9　GFCI 插座

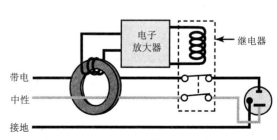

图 9.10　GFCI(漏电保护器)工作原理

② 漏电保护器的安装位置应远离电磁场和有腐蚀性气体环境,并注意防潮、防尘、防震。

③ 安装时必须严格区分中性线和保护线,三极四线式或四极式漏电保护器的中性线应接入漏电保护器。经过漏电保护器的中性线不得作为保护线,不得重复接地或接设备的外露可导电部分;保护线不得接入漏电保护器。

④ 漏电保护器应垂直安装,倾斜度不得超过 5°。电源进线必须接在漏电保护器的上方,即标有"电源"的一端;出线应在下方,即标有"负载"的一端。作为住宅漏电保护时,应装在进户电能表或总开关之后,如图 9.11 所示。如仅对某用电器具进行保护,则可安装在用电器具本体上作电源开关,如图 9.12 所示。

⑤ 漏电保护器接线完毕投入使用前,应先做漏电保护动作试验,即按动漏电保护器上的试验按钮,漏电保护器应能瞬时跳闸切断电源。试验三次,确定漏电保护器工作稳定,才能投入使用。

⑥ 对投入运行的漏电保护器,必须每月进行一次漏电保护动作试验,不能产生正确保护动作的,应及时检修。

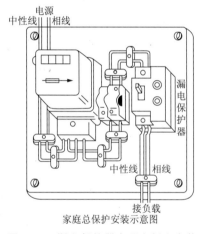

图 9.11　漏电保护器在配电板上安装

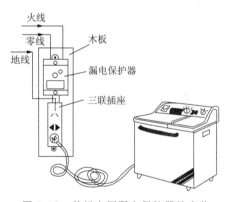

图 9.12　单机专用漏电保护器的安装

9.7　电源的闭锁与挂签

在电气作业中,闭锁与挂签(图 9.13)是将电源的开关锁定在"关"的位置上,并在一张特别的卡上注明提示。这项步骤是十分必需的,这样就不会有人在对仪器工作时,将仪器开关不小心拨到"开"的位置上了。闭锁的过程包括一些基本的、简单的步骤。这些步骤会花费 5 分钟的时间,而这 5 分钟却是至关重要的。没有正确的闭锁,将会导致受伤甚至死亡事件的发生。

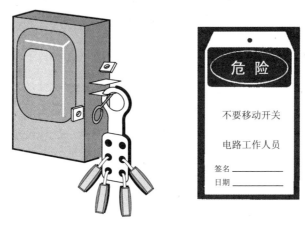

图 9.13 电气工作中的闭锁与挂签

"闭锁"指在对仪器进行工作时,将电源大小控制在零状态。一般的闭锁程序是被要求需维护、修理、故障查找、调整、安装,或者清理电气或机械设备。只简单地按下停止按钮来停止设备并不能使你安全。其他在周围工作的人员可以轻易地使设备再次运行。甚至一个单独的自动控制也可以被人工控制装置解除。这就是所有联锁或者从属系统也能够被停止或断电的实质所在。这些结论适用于机械的或电气的隔离系统。在重新开始任何工作以前,为了确定电源确实被关闭了,检查开始按钮是非常重要的。

以下就是在闭锁程序的基本步骤:

① 以书面形式将闭锁过程描述在车间的安全指南中。前提是这个指南可以被所有雇员以及对外承包商使用。管理人员应对安全闭锁提出合适的政策以及实施方法,同时应对所有员工进行电气或机械设备闭锁的培训。

② 对所有需要闭锁以隔离设备的地方进行确认,如开关、电源、控制装置、联锁装置等的位置。如果可能的话,查看它们的系统示意图。

③ 通过在机器上或者靠近机器的控制装置停止所有运行的设备。

④ 断开开关。如果开关仍然在负载状态下不要操作。当用左手操作开关时如果开关在机箱右侧,脸朝外站在机箱边。

⑤ 把断开的开关锁定在"关"位置。如果开关箱是断路器类型的,要确定锁定杆正确地通过了开关自身而不只是开关箱表面。一些开关箱内还有保险丝,作为闭锁过程的一部分这些保险丝需要被拆除。需要拆除时,可以使用保险丝卸载器。

⑥ 使用只有一把钥匙的 tamper-proof 锁,钥匙由支配锁的专人保留。不推荐使用组合锁、带总钥匙的锁,或者复制多把钥匙的锁。

⑦ 在锁上附标签,标签上签有进行维修的人员签名、维修日期和时间。如果不止一个人工作于一台机器,就会在断开的开关上出现多个锁与标签。机器操作人员(和/或维护人员)

和检查员的锁和标签也会出现。

⑧ 检查是否隔离。使用电压测试器在开关或断路器线路端测定此时的电压。当所有出路的相都是无电的而载电线路端有电,那么就可以确定已经隔离。在使用伏特计以前,操作"live-dead-live"测试以确定使用的伏特计工作正常。首先,在一个已知与工作电路电压相同的载电电压源上检查伏特计。然后,在已经闭锁的设备上检查显示的电压。最后,确定伏特计没有故障,在已知的载电源上再检测一次。

⑨ 当工作完成时,移除标签与锁。每个人必须移除自己的标签与锁。如果开关上有多个锁,那么负责该项工作的他/她的标签和锁被最后移除。

⑩ 再次接通电源以前,检查所有防护设备放置正确,维修时所用的工具、垫块、支柱都已经全部拿开。同时,确定所有工作人员已经离开机器。

9.8 安全用电常识

只要采取正确的防范,就会远离严重的电击危险。如果受到了电击伤害,就说明正确的安全措施没有被执行。为了保证工作中高度的安全性,必须遵守诸多必要的防范措施。每个人的工作都有其特定的安全性要求,然而,在此还是要给出基本安全要点:

① 永远不要故意尝试电击。

② 保持一切材料、设备与高压电线距离最小 10inch。

③ 不要关闭任何开关,除非你熟悉这个电路所控制的设备并且知道开关打开的原因。

④ 当在任何电路中工作时,要采取措施以保证在你离开时所控制的开关不会被操作。开关将被挂锁打开,同时给出警告标语。

⑤ 尽量避免在"载电"电路上工作。

⑥ 安装新机器时,确定所有的金属框架是坚固的并且保持接地状态。

⑦ 在没有证明工作电路"不通"前,永远将电路看作载电电路,并"假设"在工作端有危险。在断电电路中开始工作前,进行仪表测定是良好的工作习惯。

⑧ 当在电气设备上工作时,避免接触任何接地设备。

⑨ 记住,即使工作在 120V 的控制系统,配电盘的电压可能比 120V 高。工作中要远离高电压(即便在测试一个 120V 的系统时,你也有可能正在接近 240V 或 480V 的电源)。

⑩ 不要接触工作中的带电设备,特别在高压电路环境下。

⑪ 在测试的临时配线中也要遵守好的电气工作习惯。有时你可能需要进行交替连接,而且做到足够安全使它们不会处于电气危险中。

⑫ 当使用电压接近 30V 的载电设备时,用一只手操作。保持另一只手远离设备,以降低偶发的电流通过胸腔的可能性。

⑬ 操作电容器之前要先放电。与载电的直流(DC)电路连接的电容器可在电路被关闭后的一段时间内储存致命的电荷。使用内置电阻的绝缘跳线探针可以安全地将电容器放电,如图 9.14 所示。内置电阻器可以限制放电电流,以免破坏性的电流浪涌。

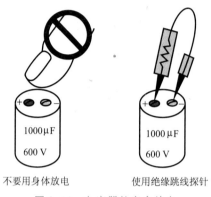

不要用身体放电　　使用绝缘跳线探针

图 9.14　电容器的安全放电

一些潜在的电气危险不易被发现。因此,工作中的安全性要建立在对基础电工原理的理解上。常识也十分重要。作为一名电工学徒,必须特别注意。学徒要严格遵照前辈的要求进行工作,因为他们很清楚各种工作场所出现的危险及如何避免。对已发生的事故进行回顾可以总结出受伤与死亡的主要原因为:

① 没有遵守接近载电设备的安全限制。

② 没有实施正确的工作防护或绝缘。

③ 没有养成安全工作习惯或者没有执行安全条例。

④ 使用损坏的或长期没有维护的工具和设备。

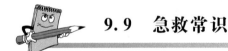

9.9　急救常识

电气领域的工作人员参加急救课程是十分被推崇的做法。急救可以给受伤或身体不适的工作人员提供最直接和暂时的帮助。它的目的是保护生命、促使复原并防止情况恶化。在工作场所严格地放置急救箱可以为急救提供有利的帮助。图 9.15 中列出了一般急救箱中应有的物品。

 **失　血**

止血,需要用干净的纱布棉或者手按住伤口。将胳膊、腿或者头抬起高于心脏的位置。

知识点2 烧 伤

　　对于一级烧伤和轻度二级烧伤,可以将受伤的部位迅速浸入冷水中或者进行冷敷来减轻疼痛,不要弄破水泡。对于水泡破裂的二级烧伤和所有的三级烧伤,不要将伤处放入水中,也不要进行冷敷,这些处理都有可能导致休克和感染。这样的烧伤需要用厚一些的干净绷带进行处理。不要移动烧焦的衣服除非伤员是从事致命药物处理工作的。如果伤员是面部烧伤,那么要将他/她支撑起并且密切观察是否有呼吸困难情况发生。如果伤员只是脚、胳膊或者腿被烧伤,那么需要将这些部位抬起高于心脏水平。对于所有严重烧伤,必须现场尽快进行医药救助。

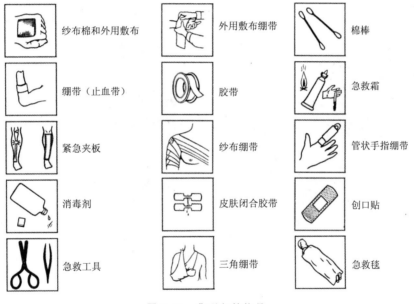

纱布棉和外用敷布　　外用敷布绷带　　棉棒

绷带（止血带）　　胶带　　急救霜

紧急夹板　　纱布绷带　　管状手指绷带

消毒剂　　皮肤闭合胶带　　创口贴

急救工具　　三角绷带　　急救毯

图 9.15　典型急救物品

 知识点3 电 击

　　对于电击受伤,首先关闭电源,将触电导体从伤员身上移开。当断开电源以后,救助者应该用一根干燥长棍或一根干燥绳子或一定长度的干衣服将伤者隔离,然后开始进行急救措施。如果发现伤员已经没有呼吸,就要立刻进行人工呼吸。要保证伤员保持一定体温,正确放置伤员,放低伤员头部并将头部歪向一侧以促进血液流动,并且避免呼吸阻碍。

知识点4   人工呼吸急救法

如果掌握了人工呼吸急救法,那么在伤员停止呼吸的情况下,就可以立刻采取急救。基本的口对口人工呼吸急救法如下所述(图9.16)。

① 迅速将伤员平躺放置。转过头并清理喉内物质如水、黏液、外来物质或食物。

② 将伤员头部后倾以打开气管。

③ 提高伤员下颚,使舌头不会阻碍气管。

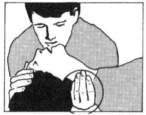

(a) 翘起头部——清理口中物体
喉咙——抬起下颚

(b) 捏住鼻孔

(c) 紧对嘴——对嘴中呼气

(d) 注意观察胸部起伏——重复每分钟
12～18次

图 9.16   口对口人工呼吸急救法

④ 将伤员鼻子捏住,防止在向其口中呼气时气体从鼻中泄漏。

⑤ 将救护人员的嘴与伤员的嘴紧贴住或使用屏障设备。

⑥ 向伤者口中呼气直到发现其胸部开始起伏。

⑦ 移开救护人员的嘴以便伤者进行自然呼气。

⑧ 每分钟重复12～18次,观察伤员胸部起伏直到其开始自然呼吸。

9.10   电气防火

对于任何安全计划来说,防火都是最重要的部分。优秀的总务人员可在很大程度上降低火灾的发生率。表9.1列出了火灾的分类。图9.17示出了一些常见的灭火器及其操作方法。每一工作人员都需要知道灭火器的放置位置及其操作方法。当因电的事故发生火灾时请执行以下步骤：

① 开启最近的火灾警报以尽快将失火信息传递给消防队及工作岗位上的每个工作人员。

② 如果可能,切断电源。

③ 用二氧化碳灭火器或干粉灭火器扑灭火焰。不要用水,因为水能导电,就有可能使电流通过身体发生电击危险。

④ 确保人员有序地从危险地区疏散。

⑤ 除非要求返回,否则不要返回火场。

表 9.1 火灾分类

分 类	涉及物质
A 类火灾	一般易燃物质如木材、衣物、纸张、橡胶及多种塑料
B 类火灾	易燃的液体、气体和油脂(只有干燥化学制品类型灭火器可以用于扑灭压缩易燃气体及液体。对于热油、多用途的 AB/C 化学制品不能使用)
C 类火灾	载电电气设备。选择不导电的来火剂十分重要
D 类火灾	易烯金属物质如镁、钛、锆、钠和钾

(a) 一般型号的灭火器及其使用方法

使用 "A/B/C" 类

(b) 适用于多种目的的干燥化学灭火器可以用于A/B/C类火灾

图 9.17 灭火器类型及使用方法

科 学 出 版 社

科龙图书读者意见反馈表

书　名 _____

个人资料

姓　　名：_____ 年　　龄：_____ 联系电话：_____

专　　业：_____ 学　　历：_____ 所从事行业：_____

通信地址：_____ 邮　编：_____

E-mail：_____

宝贵意见

◆ 您能接受的此类图书的定价

　　20 元以内□　30 元以内□　50 元以内□　100 元以内□　均可接受□

◆ 您购本书的主要原因有(可多选)

　　学习参考□　教材□　业务需要□　其他_____

◆ 您认为本书需要改进的地方(或者您未来的需要)

_____

_____

◆ 您读过的好书(或者对您有帮助的图书)

_____

_____

◆ 您希望看到哪些方面的新图书

_____

_____

◆ 您对我社的其他建议

_____

_____

_____

> 　　谢谢您关注本书！您的建议和意见将成为我们进一步提高工作的重要参考。我社承诺对读者信息予以保密，仅用于图书质量改进和向读者快递新书信息工作。对于已经购买我社图书并回执本"科龙图书读者意见反馈表"的读者，我们将为您建立服务档案，并定期给您发送我社的出版资讯或目录；同时将定期抽取幸运读者，赠送我社出版的新书。如果您发现本书的内容有个别错误或纰漏，烦请另附勘误表。

回执地址：北京市朝阳区华严北里 11 号楼 3 层

　　　　　　科学出版社东方科龙图文有限公司电工电子编辑部(收)

　　　　　　邮编：100029